输变电工程造价管理手册

竣工结算分册

国网山东省电力公司经济技术研究院
国网山东省电力公司建设部 组编

内 容 提 要

本书主要围绕竣工预算的内容展开，共分为7章内容。包括总则、输变电工程工程量清单解读、输变电工程施工合同结算条款解读、输变电工程结算审核要点、输变电工程结算常见问题清单、案例分析、输变电工程结算审核流程。本书理论结合实际、通俗易懂，通过典型案例对竣工预算进行了深入分析、讲解。

本书旨在指导造价人员规范、有序开展输变电工程结算审核工作，可供与竣工预算相关工作人员使用。

图书在版编目（CIP）数据

输变电工程造价管理手册. 竣工结算分册 / 国网山东省电力公司经济技术研究院，国网山东省电力公司建设部组编. —北京：中国电力出版社，2024.5

ISBN 978-7-5198-8471-0

Ⅰ. ①输… Ⅱ. ①国… ②国… Ⅲ. ①输电－电力工程－造价管理－中国－手册 ②变电所－电力工程－造价管理－中国－手册 Ⅳ. ① TM7-62 ② TM63-62

中国国家版本馆CIP数据核字（2023）第252001号

出版发行：中国电力出版社
地　　址：北京市东城区北京站西街19号（邮政编码100005）
网　　址：http://www.cepp.sgcc.com.cn
责任编辑：罗　艳（010-63412315）代　旭
责任校对：黄　蓓　王海南
装帧设计：张俊霞
责任印制：石　雷

印　　刷：三河市百盛印装有限公司
版　　次：2024年5月第一版
印　　次：2024年5月北京第一次印刷
开　　本：710毫米×1000毫米　16开本
印　　张：16.75
字　　数：220千字
定　　价：88.00元

主要编写人员

王艳梅　郝铁军　李　彦　曹孟迪　李　越

李　凯　王　瑾　刘宏志　靳书栋　康　方

杨博杰　文　婷　孙　萍　朱　强　孙雪梅

冯楠楠　张　灿　李　倩　宋建博　尹彦涛

韩延峰　陶喜胜

前 言

为了进一步加强输变电工程结算管理，合理控制工程造价，切实提升技经专业管理水平，提高工程结算质量和效率，实现工程造价精准控制，确保审核成果质量，国网山东省电力公司经济技术研究院在2022年初提出开展《输变电工程造价管理手册　竣工结算分册》编制工作。

国网山东省电力公司经济技术研究院以规范输变电工程结算管理为统领，结合计价规范要求及工程实际情况，以工程量清单项目为最小单元，明确审核要点及审核原则，规范并固化审核要点，实现每个节点控制到位。本手册具有很高的实用性，旨在指导造价人员规范、有序开展输变电工程结算审核工作，确保工作质量，提高工程造价精准管控水平。

本手册编写过程中，由国网山东省电力公司经济技术研究院主要编制，王艳梅、郝铁军、李彦、曹孟迪、李越、李凯、王瑾、刘宏志、靳书栋、康方、杨博杰、文婷、孙萍、朱强、孙雪梅、冯楠楠、张灿、李倩、宋建博、尹彦涛、韩延峰、陶喜胜参与编写，按照全面性和通用性结合的原则，力求适用、操作流畅。

由于编者水平有限、时间较短，难免存在不妥之处，敬请大家在阅读和使用过程中批评指正。

编者

2024年4月

CONTENTS 目录

1

总　则

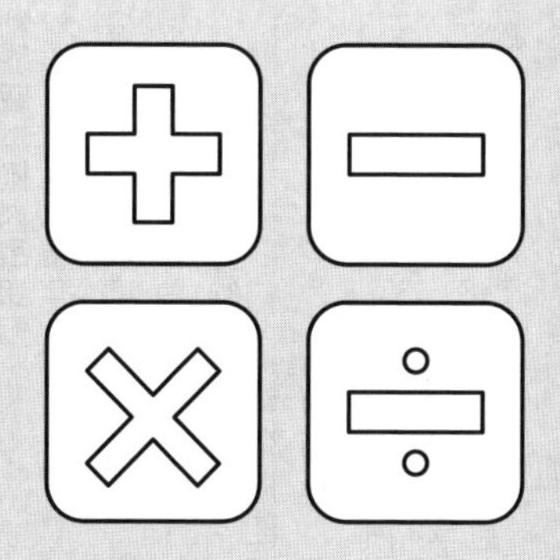

1.1 编制依据

1.1.1 《电网工程建设预算编制与计算规定（2018年版）》及《电网工程建设预算编制与计算规定使用指南（2018年版）》。

1.1.2 Q/GDW 11337—2014《输变电工程工程量清单计价规范》

1.1.3 Q/GDW 11338—2014《变电工程工程量计算规范》

1.1.4 Q/GDW 11339—2014《输电线路工程工程量计算规范》

1.1.5 DL/T 5745—2021《电力建设工程工程量清单计价规范》

1.1.6 《电力建设工程概算定额（2018年版） 第一册 建筑工程》《电力建设工程概算定额（2018年版） 第三册 电气设备安装工程》《电力建设工程概算定额（2018年版） 第四册 调试工程》《电力建设工程预算定额（2018年版） 第一册 建筑工程》《电力建设工程预算定额（2018年版） 第三册 电气设备安装工程》《电力建设工程预算定额（2018年版） 第四册 架空输电线路工程》《电力建设工程预算定额（2018年版） 第五册 电缆输电线路工程》《电力建设工程预算定额（2018年版） 第六册 调试工程》《电力建设工程预算定额（2018年版） 第七册 通信工程》

1.1.7 国网（基建/3）114—2019《国家电网有限公司输变电工程结算管理办法》

1.1.8 国网（基建/3）185—2017《国家电网公司输变电工程设计变更与现场签证管理办法》

1.1.9 基建技经〔2021〕51号《国网基建部关于加强输变电工程设计施工结算“三量”核查的意见》

1.1.10 国家电网基建〔2018〕567号《国家电网有限公司关于进一步加强输变电工程结算精益化管理的指导意见》

1.2 适用范围

1.2.1 本手册适用于国家电网有限公司系统境内投资的35～500kV输变电工程结算工作，其他工程可参照执行。`

1.2.2 本手册包含输变电工程工程量清单解读、输变电工程施工合同结算条款解读、输变电工程结算审核要点、输变电工程结算常见问题清单、案例分析、输变电工程结算审核流程6部分。

1.2.3 本手册应用于经研院（所）、工程咨询单位、设计单位的工程技经专业人员的培训。

1.2.4 本手册执行过程中，如遇国家、行业及国家电网有限公司现行法律、法规和政策的变化或调整，则应执行新颁布的法律法规和政策。

1.3 总体要求

1.3.1 结算总体要求

1.3.1.1 输变电工程结算是指对工程发承包合同价款进行约定和依据合同约定进行工程预付款、工程进度款、分部结算、工程竣工价款管理与竣工结算的活动。工程结算范围包括工程建设全过程中的建筑工程费、安装工程费、设备购置费和其他费用等。

1.3.1.2 工程结算遵循“合法、平等、诚信、及时、规范、准确”的原则，遵守国家有关法律、法规、规章和国家电网有限公司有关规定，严格执行合同约定。

1.3.1.3 工程结算应采用经审批、会签的文件、纪要、通知或与现场实际相符的竣工结算资料进行结算，必须做到结算依据合法合规、费用合理精准。

1.3.1.4 工程结算编制统一规范工程量管理文件和工程结算报告，提高工程结算工作质量和效率。

1.3.1.5 严格履行工程结算编、审、批程序，按照基建管理系统中结算启动、结算上报、结算审批、结算移交环节，根据结算上报提示，220kV及以上输变电工程竣工投产后 60 日内、110kV及以下输变电工程竣工投产后 30 日内，建设管理单位应编制完成并上报工程结算；根据结算审批预警，220kV及以上输变电工程竣工投产后 100日内，110kV及以下输变电工程竣工投产后 60 日内，省公司级完成工程结算审查批准工作。

1.3.2 变更、签证的管理要求

1.3.2.1 设计变更与现场签证应由监理单位、设计单位、施工单位、业主项目部、建设管理单位或项目法人单位依次签署确认。

1.3.2.2 设计变更文件应准确说明工程名称、变更的卷册号及图号、变更原因、变更提出方、变更内容、变更工程量及费用变化金额，并附变更图纸和变更费用计算书等。

1.3.2.3 现场签证应详细说明工程名称、签证事项内容，并附相关施工措施方案、纪要或协议、支付凭证、照片、示意图、工程量及签证费用计算书等支撑性材料。

1.3.2.4 设计变更费用应根据变更内容对应预算的计价原则编制，现场签证费用应按合同确定的原则编制。设计变更与现场签证费用应由相关单位技经人员签署意见并加盖造价专业资格执业章。

1.3.2.5　设计单位编制的竣工图应准确、完整地体现所有已实施的设计变更，符合归档要求。

1.3.2.6　设计变更与现场签证未按规定履行审批手续，其增加的费用不得纳入工程结算。

2

输变电工程工程量清单解读

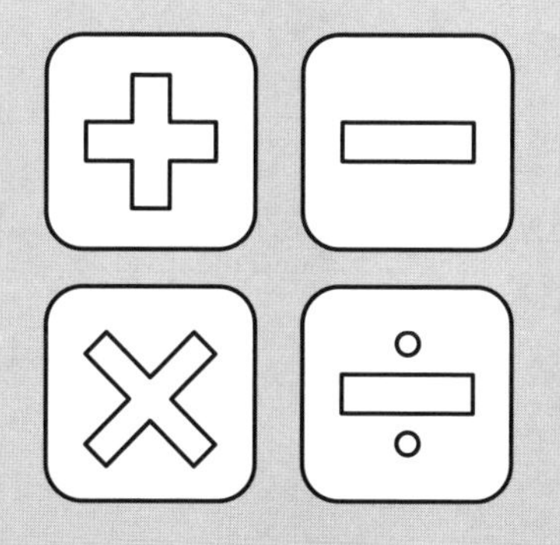

2.1 输变电工程工程量清单计价规范

2.1.1 相关术语和定义

2.1.1.1 工程量清单：载明输变电工程的分部分项工程项目、措施项目和其他项目的名称和相应数量以及规费和税金项目等内容的明细清单。

2.1.1.2 招标工程量清单：招标人依据国家标准、行业标准、招标文件、设计文件以及施工现场实际情况编制的，随招标文件发布供投标报价的工程量清单，包括说明和表格。

2.1.1.3 已标价工程量清单：构成合同文件组成部分的投标文件中已标明价格，经算术性错误修正（如有）且承包人已确认的工程量清单，包括其说明和表格。

2.1.1.4 分部分项工程：由分部工程和分项工程组成。分部工程是单位工程的组成部分，是按工程部位和专业性质等的不同，将单位工程分解形成的工程项目单元；分项工程是分部工程的组成部分，是按不同施工方法、材料、工序及路径长度等将分部工程划分为若干个分项或项目的工程。

2.1.1.5 措施项目：为完成工程项目施工，发生于该工程施工准备和施工过程中的技术、生活、安全、环境保护等方面的非工程实体项目。

2.1.1.6 项目编码：分部分项工程和措施项目清单名称的英文字母和阿拉伯数字组合成的标识。

2.1.1.7 项目特征：构成分部分项工程项目、措施项目自身价值的本质特征。

2.1.1.8 综合单价：完成一个规定清单项目所需的人工费、材料费、施工机械使用费和管理费、利润以及一定范围内的风险费用。

2.1.1.9 工程变更：合同工程实施过程中由发包人提出或承包人提出

经发包人批准的合同工程任何一项工作的增、减、取消或施工工艺、顺序、时间的改变，设计图纸的修改，施工条件的改变，招标工程量清单的错、漏从而引起合同条件的改变或工程量的增减变化。

2.1.1.10 工程量偏差：承包人按照合同工程的图纸（含经发包人批准由承包人提供的图纸）实施，按照Q/GDW 11338—2014《变电工程工程量计算规范》和Q/GDW 11339—2014《输电线路工程工程量计算规范》规定的工程量计算规则计算得到的完成合同工程项目应予计量的工程量与相应的招标工程量清单项目列出的工程量之间的量差。

2.1.1.11 暂列金额：招标人在工程量清单中暂定并包括在合同价款中的一笔款项。用于工程合同签订时尚未确定或不可预见的所需材料、工程设备、服务的采购，施工中可能发生的工程变更、合同约定调整因素出现时的合同价款调整以及发生的索赔、现场签证确认等的费用。

2.1.1.12 暂估价：招标人在工程量清单中提供的用于支付必然发生但暂时不能确定价格的材料、工程设备的单价以及专业工程的金额。

2.1.1.13 计日工：在施工过程中，承包人完成发包人提出的施工图纸以外的零星项目或工作，按合同中约定的综合单价计价的一种方式。

2.1.1.14 临时设施费：施工企业为满足现场正常生产、生活需要，在现场必须搭设的生产、生活用临时建筑物、构筑物和其他临时设施所发生的费用，以及维修、拆除、折旧及摊销费，或临时设施的租赁费等。

2.1.1.15 安全文明施工费：在合同履行过程中，承包人按照国家法律、法规、标准等规定，为保证安全施工、文明施工，保护现场内外环境等所采用的措施而发生的费用。

2.1.1.16 索赔：在工程合同履行过程中，合同当事人一方因非己方的原因而遭受损失，按合同约定或法规规定，应由对方承担责任，从而向对方提出补偿的要求。

2.1.1.17 现场签证：发包人现场代表（或其授权的监理人、工程造价咨询人）与承包人现场代表就施工过程中涉及的责任事件所作的签认证明。

2.1.1.18 提前竣工（赶工）补偿：承包人应发包人的要求，采取加快工程进度的措施，使合同工程工期缩短，由此产生的应由发包人支付的费用。

2.1.1.19 误期赔偿费：承包人未按照合同工程的计划进度施工，导致实际工期超过合同工期（包括发包人批准的延长工期），承包人应向发包人赔偿损失的费用。

2.1.1.20 不可抗力：发承包双方在工程合同签订时不能预见的，对其发生的后果不能避免，并且不能克服的自然灾害和社会性突发事件。

2.1.1.21 工程设备：构成或计划构成永久工程一部分的机电设备、金属结构设备、仪器装置及其他类似的设备和装置。

2.1.1.22 规费：根据国家法律、法规规定，由省级政府或省级有关权力部门规定施工企业必须缴纳的，应计入建筑安装工程造价的费用。

2.1.1.23 税金：国家税法规定的应计入建筑安装工程造价内的营业税、城市维护建设税、教育费附加和地方教育附加。

2.1.1.24 发包人：具有工程发包主体资格和支付工程价款能力的当事人以及取得该当事人资格的合法继承人，有时又称招标人。

2.1.1.25 承包人：被发包人接受的具有工程施工承包主体资格的当事人以及取得该当事人资格的合法继承人，有时又称投标人。

2.1.1.26 工程造价咨询人：取得工程造价咨询资质等级证书且获得电力行业工程造价咨询准入资格；又或具有电力工程设计乙级及以上资质，接受委托从事电力建设工程造价咨询活动的当事人以及取得该当事人资格的合法继承人。

2.1.1.27 单价项目：工程量清单中以单价计价的项目，即根据合同工程图纸（含设计变更）和相关工程现行企业计算规范的工程量计算规则进行计量，与已标价工程量清单相应综合单价进行价款计算的项目。

2.1.1.28 总价项目：工程量清单中以总价计价的项目，即此类项目无工程量计算规则，以总价（或计算基础乘费率）计算的项目。

2.1.1.29 最高投标限价：招标人根据国家或电力行业主管部门及公司颁发的有关计价依据和办法，以及拟定的招标文件，并结合工程具体情况编制的招标工程的最高限价。

2.1.1.30 投标价：投标人投标时响应招标文件要求所报出的对已标价工程量清单汇总后标明的总价。

2.1.1.31 签约合同价（合同价款）：发承包双方在工程合同中约定的工程造价，包括分部分项工程费、承包人采购设备费、措施项目费、其他项目费、规费和税金的合同总金额。

2.1.1.32 合同价款调整：在合同价款调整因素出现后，发承包双方根据合同约定，对合同价款进行变动的提出、计算和确认。

2.1.1.33 竣工结算价：发承包双方依据国家有关法律、法规和标准规定，按照合同约定确定的，包括在履行合同过程中按合同约定进行的合同价款调整，是承包人按合同约定完成了全部承包工作后，发包人应付给承包人的合同总金额。

2.1.2 一般规定

2.1.2.1 全部使用国家电网有限公司系统投资或以国家电网有限公司系统投资为主（二者简称公司系统投资）的输变电工程发承包，应采用工程量清单计价。

2.1.2.2 非国家电网有限公司系统投资的输变电工程建设项目，宜采用工程量清单计价。

2.1.2.3 不采用工程量清单计价的输变电工程，应执行除工程量清单等专门性规定外的其他规定。

2.1.2.4 分部分项工程和措施项目中的单价项目工程量清单应采用综合单价计价。

2.1.2.5 措施项目中的安全文明施工费和临时设施费应按照行业主管部门规定的费率计算，不应作为竞争性费用。

2.1.2.6 规费和税金应按照国家或省级、行业主管部门的规定计算，不应作为竞争性费用。

2.1.2.7 承包人应根据合同进度计划的安排，向发包人提交甲供材料交货的日期计划，发包人应按确认计划提供。

2.1.2.8 甲供材料若其规格、数量或质量不符合设计要求，或由于发包人原因发生交货日期延误、交货地点及交货方式变更等情况的，发包人应承担由此增加的费用和（或）工期延误，并向承包人支付合理利润。

2.1.2.9 若发包人要求承包人采购已在招标文件中确定为甲供材料的，材料价格由发承包双方根据市场调查确定，并应另行签订补充协议。

2.1.2.10 除合同约定的发包人提供的材料、设备外，承包人采购的材料和设备均由承包人负责采购、运输和保管。

2.1.2.11 承包人应按合同约定将采购材料和设备的供货人及品种、规格、数量和供货时间等提交发包人确认，并负责提供材料和设备的质量证明文件，满足合同约定的质量标准。

2.1.2.12 发包人发现承包人提供的材料和设备没有合格证明材料，或经检测不符合合同约定的质量标准，应立即要求承包人更换，由此增加的费用和（或）工期延误由承包人承担。对发包人要求检测承包人已具有合格证明的材料、设备，但经检测证明该项材料、设备符合合同约定的质量标准，发包人应承担由此增加的费用和（或）工期延误，并向承包人支付合理利润。

2.1.2.13 工程发承包应在招标文件、合同中明确计价中的风险内容及其范围，不应采用无限风险、所有风险或类似语句规定计价中风险内容及其范围。

2.1.2.14　由于下列因素出现，影响合同价款调整的，应由发包人承担。

（1）国家法律、法规、规章和政策发生变化。

（2）行业建设主管部门发布的人工费调整，但承包人对人工费或人工单价的报价高于发布的除外；承包人对人工费或人工单价调整时，应考虑投标时的优惠和风险。

2.1.2.15　由于市场物价波动影响合同价款，应由发承包双方合理分摊，合同没有约定的发承包双方发生争议时，按计价规范要求调整合同价款。

2.1.2.16　由于承包人使用机械设备、施工技术以及组织管理水平等自身原因造成施工费用增加的，应由承包人全部承担。

2.1.2.17　不可抗力发生时，影响合同价款的，按计价规范规定执行。

2.1.3　合同价款调整

2.1.3.1　以下事项（但不限于）发生，发承包双方应当按合同约定调整合同价款：

（1）法律法规变化。

（2）工程变更。

（3）项目特征描述不符。

（4）工程量清单缺项。

（5）工程量偏差。

（6）计日工。

（7）物价变化。

（8）暂估价。

（9）不可抗力。

（10）提前竣工（赶工）补偿。

（11）误期赔偿。

（12）施工索赔。

（13）现场签证。

（14）暂列金额。

（15）发承包双方约定的其他调整事项。

2.1.3.2 出现合同价款调增事项（不含工程量偏差、计日工、现场签证、施工索赔）后的14日内，承包人应向发包人提交合同价款调增报告并附上相关资料，若承包人在14日内未提交合同价款调增报告的，视为承包人对该事项不存在调整价款请求。

2.1.3.3 出现合同价款调减事项（不含工程量偏差、施工索赔）后的14日内，发包人应向承包人提交合同价款调减报告并附上相关资料，若发包人在14日内未提交合同价款调减报告的，视为发包人对该事项不存在调整价款请求。

2.1.3.4 发（承）包人应在收到承（发）包人合同价款调增（减）报告及相关资料之日起14日内对其核实，予以确认的应书面通知承（发）包人。如有疑问，应向承（发）包人提出协商意见。发（承）包人在收到合同价款调增（减）报告之日起14日内未确认也未提出协商意见的，视为承（发）包人提交的合同价款调增（减）报告已被发（承）包人认可。发（承）包人提出协商意见的，承（发）包人应在收到协商意见后的14日内对其核实，予以确认的应书面通知发（承）包人。如承（发）包人在收到发（承）包人的协商意见后14日内既不确认也未提出不同意见的，视为发（承）包人提出的意见已被承（发）包人认可。

2.1.3.5 如发包人与承包人对合同价款调整的不同意见不能达成一致的，只要不实质影响发承包双方履约的，双方应继续履行合同义务，直到其按照合同约定的争议解决方式得到处理。

2.1.3.6 经发承包双方确认调整的合同价款，作为追加（减）合同价款，与工程进度款或结算款同期支付。

2.1.3.7 招标工程以投标截止日前28日，非招标工程以合同签订前28日为基准日，其后国家的法律、法规、规章和政策发生变化引起工程造价增减变化的，发承包双方应当按照电力行业建设主管部门发布的规定调整合同价款。

2.1.3.8 因承包人原因导致工期延误，按计价规范规定的调整时间，在合同工程原定竣工时间之后，合同价款调增的不予调整，合同价款调减的予以调整。

2.1.3.9 工程变更引起招标工程量清单项目或其工程量发生变化，应按照下列规定调整：

（1）招标工程量清单中有适用于变更工程项目的，采用该项目的综合单价；但当工程变更导致该清单项目的工程量发生变化，且工程量偏差超过15%，此时，该项目综合单价应按照Q/GDW 11337—2014《输变电工程工程量清单计价规范》中10.6.2的规定调整。

（2）招标工程量清单中没有适用、但有类似于变更工程项目的，可在合理范围内参照类似项目的综合单价。

（3）招标工程量清单中没有适用也没有类似于变更工程项目的，由承包人根据变更工程资料、计量规则和计价办法、工程造价管理机构发布的信息价格和承包人报价浮动率提出变更工程项目的综合单价，报发包人确认后调整。承包人报价浮动率可按下列公式计算：

1）招标工程：

承包人报价浮动率L=（1—中标价/最高投标限价）×100%

2）非招标工程：

承包人报价浮动率L=（1—报价值/施工图预算）×100%

（4）招标工程量清单中没有适用也没有类似于变更工程项目，且工程造价管理机构发布的信息价格缺价的，由承包人根据变更工程资料、计量规则、计价办法和通过市场调查等取得有合法依据的市场价格提出变更工程项目的综合单价，报发包人确认后调整。

2.1.3.10 工程变更引起施工方案改变，并使措施项目发生变化的，承包人提出调整措施项目费的，应事先将拟实施的方案提交发包人确认，并详细说明与原方案措施项目相比的变化情况。拟实施的方案经发承包双方确认后执行，并应按照下列规定调整措施项目费：

（1）安全文明施工费和临时设施费按照实际发生变化的措施项目计算。

（2）采用综合单价计算的措施项目费，按照实际发生变化的措施项目确定综合单价。

（3）按总价（或系数）计算的措施项目费，按照实际发生变化的措施项目调整，但应考虑承包人报价浮动因素，即调整金额按照实际调整金额乘以承包人报价浮动率计算。

如果承包人未事先将拟实施的方案提交给发包人确认，则视为工程变更不引起措施项目费的调整或承包人放弃调整措施项目费的权利。

2.1.3.11 工程变更未引起措施项目发生变化的，按照原有措施项目调整措施项目费。

2.1.3.12 发包人在招标工程量清单中对项目特征的描述，应被认为是准确的和全面的，并且与实际施工要求相符合。承包人应按照发包人提供的招标工程量清单，根据其项目特征描述的内容及有关要求实施合同工程，直到项目被改变为止。

2.1.3.13 承包人应按照发包人提供的设计图纸实施合同工程，若在合同履行期间，出现设计图纸（含设计变更）与招标工程量清单任一项目的特征描述不符，且该变化引起该项目的工程造价增减变化的，按照实际施工的项目特征重新确定相应工程量清单项目的综合单价，调整合同价款。

2.1.3.14 合同履行期间，由于招标工程量清单中缺项，新增分部分项工程量清单项目的，应调整合同价款。

2.1.3.15 新增分部分项工程量清单后，引起措施项目发生变化的，在承包人提交的实施方案被发包人批准后，计算调整合同价款；未引起措施项目发生变化的，按照原有措施项目调整措施项目费。

2.1.3.16 由于招标工程量清单中措施项目缺项，承包人应将新增措施项目实施方案提交发包人批准后，计算调整合同价款。

2.1.3.17 合同履行期间，若实际工程量与招标工程量清单出现偏差，发承包双方应调整合同价款。

2.1.3.18 合同履行期间，因人工、材料、设备、施工机械台班价格波动影响合同价款时，发承包双方应调整合同价款，由发包人复核、确认调整的单价和数量。

（1）人工单价按照行业建设主管部门或其授权的工程造价管理机构发布的人工成本信息进行调整。

（2）机械台班单价或机械使用费系数可按照行业建设主管部门或其授权的工程造价管理机构发布的信息计列，并在合同中约定机械台班单价变动或机械使用费系数调整的范围或幅度，如没有约定，机械台班单价或机械使用费系数的变化超过基准日信息价10%（不含10%）时，超过部分给予调整。

（3）承包人采购设备（材料）的，应在合同中约定设备（材料）价格变化的范围或幅度，如没有约定，则设备（材料）单价变化超过基准日信息价5%的，超过部分给予调整。

（4）可调的材料及机械台班种类应在合同中约定，合同未约定的，可参照电力工程造价与定额管理总站出版的《可调材料及施工机械台班种类》。

2.1.3.19 发包人在招标工程量清单中给定暂估价的材料、工程设备属于依法必须招标的，由发承包双方应以招标的方式选择供应商。确定其价格并以此为依据取代暂估价，其差额以价差的形式列入其他项目清单计价表，调整合同价款。

2.1.3.20 发包人在招标工程量清单中给定暂估价的材料、工程设备不属于依法必须招标的，由承包人按照合同约定采购，经发包人确认后以此为依据取代暂估价，材料差额以价差的形式列入其他项目清单计价表，设备价格列入承包人采购设备计价表，调整合同价款。

2.1.3.21 因不可抗力事件导致的人员伤亡、财产损失及其费用增加，发承包双方应按以下原则分别承担并调整合同价款和工期。

（1）合同工程本身的损害、因工程损害导致第三方人员伤亡和财产损失以及运至施工场地用于施工的材料和待安装的设备的损害，由发包人承担。

（2）发包人、承包人人员伤亡由其所在单位负责，并承担相应费用。

（3）承包人的施工机械设备损坏及停工损失，由承包人承担。

（4）停工期间，承包人应发包人要求留在施工场地必要的管理人员及保卫人员的费用由发包人承担。

（5）工程所需清理、修复费用，由发包人承担。

2.1.3.22 不可抗力解除后复工的，若不能按期竣工，应合理延长工期，发包人要求赶工的，赶工费用由发包人承担。

2.2 建筑工程工程量计算规范

2.2.1 土（石）方工程

2.2.1.1 挖土（石）方平均深度应按自然地面测量标高至设计地坪标高间的平均深度确定。基础土（石）方开挖深度应按基础垫层底表面标高至交付施工场地标高确定，无交付施工场地标高时应按自然地面标高确定。

2.2.1.2 场地厚度不大于 ±300mm 的挖、填、运、找平，应按“场地平整”项目。厚度大于 ±300mm 的竖向布置挖土或山坡切土应按“挖一般土方”项目。

2.2.1.3 沟槽、基坑、一般土（石）方的划分，底宽不大于 7m 且底长大于 3 倍底宽为沟槽；底长不大于 3 倍底宽且底面积不大于 150m^2 为基坑；超出上述范围则为一般土方。

2.2.1.4 “挖一般土（石）方”适用于设计室外地坪标高以上的挖土（石），“挖坑槽土（石）方”适用于设计室外地坪标高以下的挖土（石）。

2.2.1.5 截桩头应按桩基工程相关清单项目。

2.2.1.6 土（石）方体积应按天然密实体积计算。

2.2.1.7 “余方弃置”运距可以由招标人根据工程实际情况进行描述，也可以由投标人根据工程实际情况自行考虑。

2.2.1.8 挖方出现流砂、淤泥时，应根据实际情况由发包人与承包人双方现场签证确认工程量。

2.2.1.9 “管沟土石方”适用于管道（给排水、电力、通信）及连接井（检查井）等。

2.2.1.10 开挖及回填、外运工程量应符合逻辑；一般为开挖大于回填工程量，外运工程量 = 开挖量 − 回填量。

2.2.2 基础与地基处理工程

2.2.2.1 混凝土种类指毛石混凝土、清水混凝土、彩色混凝土等。

2.2.2.2 基础工程按照基础体积计算工程量，不计算垫层体积。基础与墙身、基础与柱均以基础上表面为界。

2.2.2.3 基础工程量中不扣除构件内钢筋、预埋铁件和伸入承台基础桩头所占体积。

2.2.2.4 框架式设备基础中柱、梁、墙、板分别按相关清单项目；基础部分按设备基础清单项目。

2.2.2.5 “箱型基础”包括基础、基础底板、箱形基础柱、基础顶板、基础连梁。

2.2.2.6 如为毛石混凝土基础，项目特征描述毛石所占比例。

2.2.2.7 基础工程中不含钢筋和铁件，发生时选用相关清单项目。

2.2.2.8 “变压器油池油箅子”指主变压器油池卵石下的箅子，变压器油池油箅子不再选用H19钢箅子清单项目。

2.2.2.9 “变压器油池”压顶类型应注明是否为成品预制或现浇。

2.2.2.10 “水泥搅拌桩”施工方法分为单轴、双轴和三轴搅拌桩。

2.2.2.11 地层情况可以根据岩土工程勘察报告按单位工程各地层所占比例（包括范围值）进行描述。

2.2.2.12 “高压喷射浆”类型包括旋喷、摆喷、定喷，方法包括单管法、双重管法、三重管法。

2.2.2.13 桩截面积（桩径）、混凝土强度等级、桩类型等可直接用标准图代号或设计桩型进行描述。

2.2.2.14 预制钢筋混凝土方桩、预制钢筋混凝土管桩项目以成品桩编制应按成品桩购置费；如果用现场预制，应包括现场预制桩的所有费用。

2.2.2.15 打试验桩应按相应项目计列，无明确说明时按桩基工程项目计列。

2.2.2.16 现浇混凝土拌和要求已在招标文件中说明。

2.2.3 地面与地下设施工程

2.2.3.1 地下设施工程不包括钢盖板、栏杆、爬梯、平台、轨道等金属结构工程。

2.2.3.2　地面应扣减室内电缆沟盖板、设备基础。

2.2.4　楼面与屋面工程

按设计图示尺寸计算。

2.2.5　墙体工程

2.2.5.1　“阀厅套管洞口封堵”不含套管膜、防火板的材料费等。

2.2.5.2　防火封堵属于安装工程量清单项目。

2.2.5.3　“金属墙板”“预制墙板”“砌体外墙”“砌体内墙”项目包括钢筋混凝土圈梁、过梁、构造柱、门框、雨篷、压顶、穿墙套板的浇制或预制与安装。

2.2.5.4　“零星砌体”项目包括厕所蹲台、小便槽、砖腿、台阶、花台、花池等。

2.2.6　门窗工程

2.2.6.1　按设计图示窗洞口面积计算。

2.2.6.2　门窗清单项目综合单价应包括门窗成品价格。

2.2.7　混凝土工程

2.2.7.1　钢筋混凝土结构形式是指现浇、预制、预应力结构。

2.2.7.2　混凝土工程中不含钢筋和铁件制作安装，发生时选用相关清单项目。

2.2.7.3　“混凝土零星构件”是指除结构主构件基础、柱、梁、板、墙以外的混凝土构件。

2.2.7.4 现浇混凝土拌和要求在清单编制说明中描述。

2.2.8 钢结构工程

2.2.8.1 钢结构构件清单项目综合单价应包括成品价格。若采用现场制作，应包括制作的所有费用。

2.2.8.2 “其他钢结构”是指除结构主构件柱、梁、板、墙、钢格栅板、钢箅子以外的钢结构构件。

2.2.9 构筑物工程

2.2.9.1 构支架名称是指构架、支架、构支架附件。

2.2.9.2 构筑物数量应符合本期建设规模。

2.2.10 厂区性建筑工程

2.2.10.1 厂区性建筑工程不含土（石）方工程，发生时选用土（石）方工程清单项目。

2.2.10.2 围墙、防火墙清单项目不包括基础部分，基础部分的选用其他清单项目。

2.2.10.3 围墙、防火墙工程量可以按混凝土工程、墙体工程拆分计列入相应的清单项目。

2.2.10.4 厂区性建筑工程不含钢筋和铁件制作、安装，发生时选用相关清单项目。

2.2.10.5 沟道、隧道压顶类型要求明为预制或现浇。

2.2.10.6 “挡土墙”“围墙”“防火墙”清单项目不包括外装饰性贴面，发生时执行外墙面装饰清单项目。

2.2.10.7 挡土墙需注意挡土墙的体积应根据场区土方工程图示标高乘以相应截面面积进行计算。

2.2.10.8 站区地坪+站内道路+站内建筑底层面积应小于整个站区面积。

2.2.11 给排水、采暖、通风、照明工程

2.2.11.1 本节接地为建筑物接地，全站主接地网接地装置、全站接引下线及设备与设施的接地引（下）线在电气安装工程计列。

2.2.11.2 “给排水”“采暖”“通风及空调”“照明及接地”包括所有设备安装费用，设备数量价格需要根据竣工图纸、投标单价核实计入。

2.2.11.3 “换流站给排水、采暖、通风、照明设备安装”包括所有设备安装费用，设备数量价格需要根据竣工图纸、投标单价核实计入。

2.2.12 消防工程

2.2.12.1 移动灭火装置包括灭火器、灭火器箱、消防斧、消防桶等。

2.2.12.2 本节水灭火系统、气体（泡沫）灭火系统包括所有设备安装费用，设备数量价格需要根据竣工图纸、投标单价核实计入。

2.2.13 临时工程

临时施工电源、施工变压器租赁费不应计取，仅计变压器高压侧以外的装置及线路。

2.2.14 措施工程

2.2.14.1 降水项目发生理论逻辑应符合挖土深度在地下水位线以下。

2.2.14.2 边坡支护项目发生理论逻辑应符合承载力未达标地质情况。

2.3 安装工程工程量计算规范

2.3.1 变压器安装工程

2.3.1.1 “变压器”适用于变压器、联络变压器、箱式变电站、接地变压器（柜）、接地变压器及消弧线圈成套装置柜等。

2.3.1.2 “电抗器”也适用于中性点电抗器。

2.3.1.3 防腐要求包括补漆、喷漆、冷涂锌喷涂等。

2.3.2 配电装置安装工程

2.3.2.1 “组合电器”用于SF_6全封闭组合电器、复合式组合电器、空气外绝缘高压组合电器时，以“台”为单位计量，三相为一台；用于敞开式组合电器时，以“组”为单位计量，三相为一组；用于SF_6全封闭组合电器主母线时，以“m（三相）”为单位计量；用于SF_6全封闭组合电器进出线套管时，以“个”为单位计量。

2.3.2.2 “组合电器”用于SF_6全封闭组合电器（带断路器）时，按断路器数量计算，以“台”为单位计量，三相为一台；用于SF_6全封闭组合电器（不带断路器）时，按母线电压互感器和避雷器的组合数量计算，以“台”为单位计量，每组合为一台；用于为远期扩建方便预留的组合电器时，以“台”为单位计量，每间隔为一台。

2.3.2.3 “电容器”用于集合式电容器、并联电容器组、自动无功补偿装置时，以“组”为单位计量；用于电力电容器时，以“台”为单位计量。

2.3.2.4 “结合滤波器”包括接地开关。

2.3.2.5 “断路器”“组合电器”等工作内容不包括金属平台和爬梯的制作安装、电容式电压互感器抽压装置支架及防雨罩的制作安装、避雷器放电记录器或在线监测设备支架的制作安装，发生时选用相应的清单项目。

2.3.2.6 断路器、SF_6全封闭组合电器、复合式组合电器、空气外绝缘高压组合电器底部支柱（架）安装包含在“断路器”“组合电器”工作内容中；其余设备如有底部支柱的，其支柱安装选用相应的清单项目。

2.3.2.7 绝缘热缩材料类型包括保护套、接线盒等。

2.3.2.8 防腐要求包括补漆、喷漆、冷涂锌、喷涂等。

2.3.3 母线、绝缘子安装工程

2.3.3.1 “悬垂绝缘子”适用于单独安装的悬垂绝缘子串（如横拉绝缘子串、跳线悬挂绝缘子串、阻波器悬挂绝缘子串等），V形绝缘子串按“串”为单位计量，以一个V形为一串。

2.3.3.2 “引下线、跳线及设备连引线”适用于不与设备或母线配套安装或是同期安装的，需单独安装的引下线、跳线及设备连引线。

2.3.3.3 共箱母线、低压封闭式插接母线槽均按生产厂供应成品考虑。

2.3.3.4 绝缘热缩材料类型包括保护套、接线盒等。

2.3.3.5 “管型母线”用于支撑式管母时，以“m”为单位计量；用于悬挂式管母时，以“跨/三相”为单位计量。

2.3.4 控制、继电保护屏及低压电器安装工程

2.3.4.1 就地安装于一次设备本体的合并单元、智能终端及保护、测控等各种装置，其单体调试工作包含在“计算机监控系统”中。

2.3.4.2 “控制及保护盘台柜”适用于各种保护、自动装置、计量计费与采集、远动、故障录波、合并单元、智能终端、中央信号、智能汇控、智能控制等各种类型装置屏柜。

2.3.4.3 防误设备包括防误主机、模拟屏、电磁锁、编码锁、桩头等。

2.3.4.4 同步网设备包括主站时钟、扩展时钟、卫星接收机、接收天线、接收馈线等。

2.3.4.5 数据网接入设备、安全防护设备包括交换机、路由器、硬件防火墙、纵横向加密认证装置、入侵检测系统及其他网络设备。

2.3.4.6 信息安全的测评设备包括服务器/操作系统、工作站/操作系统、网络设备等。

2.3.4.7 智能辅助控制的子系统指图像监视及安全警卫系统、火灾报警系统、环境信息采集系统等子系统。

2.3.4.8 调度自动化数据主站系统设备包括服务器、工作站、商用数据库、磁盘列阵、应用软件等。

2.3.4.9 各级调度端指县调、地调、省调等，各数据主站指“调度自动化系统”“继电保护和故障录波信息管理系统”“配电自动化系统”“电能量计量系统”“大客户负荷管理系统”“信息安全测评系统（等级保护测评）”“调度数据网”等。

2.3.4.10 “低压成套配电柜”适用于低压成套开关柜、动力盘、交流配电屏等类型屏柜。

2.3.4.11 “辅助设备与设施”适用于不与设备配套同期安装、需单独安装的各种辅助设备与设施，如端子箱、控制箱、屏边、表计及继电器、组合继电器、低压熔断器、空气开关、铁壳开关、胶盖闸刀开关、刀型开关、组合开关、万能转换开关、限位开关、控制器、低压电阻（箱）、低压电器按钮、剩余电流动作保护器，以及标签框、试验盒、光字牌、信号灯、附加电阻、连接片及二次回路熔断器、分流器等屏上小附件。用于端子箱、控制箱、屏边时，以“台”为单位计量；用于其他设备、设施时，以“个”为单位计量。

2.3.4.12 “铁构件”适用于设备、材料底部基座、支架的构件；用途指基础型钢、支持型钢等。预埋施工的，列入建筑工程。

2.3.4.13 本节清单项目适用于换流站安装工程时，需将“变电站”改为“换流站”。

2.3.4.14 防腐要求包括补漆、镀锌、喷漆、冷涂锌喷涂等。

2.3.5 交直流电源安装工程

2.3.5.1 直流系统绝缘检测装置的安装、单体调试等工作包含在“蓄电池”中。

2.3.5.2 “交直流配电盘台柜”用于整流屏、充电屏、开关电源屏、直流馈（分）电屏、交直流切换屏、交直流电源一体化屏时，以“台”为单位计量；用于整流模块、防雷模块时，以“块”为单位计量。

2.3.5.3 蓄电池支架按生产厂供应成品考虑。

2.3.5.4 “蓄电池”用于免维护蓄电池时，以“只”为单位计量；用于其他型式蓄电池时，以“组”为单位计量。

2.3.5.5 站内通信专用蓄电池与直流系统设备安装，选用通信工程清单项目。

2.3.6 电缆安装工程

2.3.6.1 “控制电缆”适用于控制电缆、热工控制电缆、屏蔽电缆、计算机电缆、高频电缆等。

2.3.6.2 电缆桥架、槽盒等均按生产厂供应成品考虑。

2.3.6.3 “电缆桥架”工程量计算时均要包括各种相应连接件的长度与质量。

2.3.6.4 “电缆桥架”用于复合桥架、铝合金桥架时，以“m”为单位计量；用于钢质桥架、不锈钢桥架、钢组合支架时，以“t”或“m”为单位计量。

2.3.6.5 “电缆支架”用于复合支架时，以“副”为单位计量；用于钢质支架时，以“t”为单位计量。

2.3.6.6 “电缆防火设施”用于阻燃槽盒、防火带时，以“m”为单位计量；用于防火隔板、防火墙、组合模块（ROXTEC）时，以“m^2”为单位计量；用于防火膨胀模块时，以“m^3”为单位计量；用于有机堵料、无机堵料、防火涂料时，以“t”为单位计量。

2.3.6.7 人工开挖、修复路面后的余土外运工作，发生时选用建筑工程清单项目。

2.3.6.8 变电站监控、保护、自动化系统各种型式光缆的敷设安装、接续、测试等工作，选用通信工程清单项目。

2.3.6.9 防腐要求包括补漆、镀锌等。

2.3.7 照明及接地安装工程

2.3.7.1 照明清单项目适用于全站户外场地照明，户内照明选用建筑工程清单项目。

2.3.7.2 接地清单项目适用于全站主接地网接地装置、全站接地引下线，建筑物的避雷网等选用建筑工程清单项目。

2.3.7.3 “阴极保护井”“深井接地”工作内容中未包括钻井，发生时选用建筑工程清单项目。

2.3.7.4 “降阻接地”用于接地模块时，以“个”为单位计量；用于降阻剂时，以“kg”为单位计量；用于离子接地极时，以“套”为单位计量。

2.3.7.5 防腐要求包括补漆、喷漆、冷涂锌喷涂等。

2.3.8 分系统调试

2.3.8.1 “变压器系统调试”包括变压器系统内各侧间隔设备的系统调试工作。

2.3.8.2 “变压器系统调试”用于换流站500kV站用变压器分系统调试时，以“组”为单位计量。

2.3.8.3 交流供电间隔类型指进出线、母联、母分、备用等。

2.3.8.4 调度端（站）指县调、地调、省调等，各数据主站指“调度自动化系统”“继电保护和故障录波信息管理系统”“配电自动化系统”“电能量计量系统”“大客户负荷管理系统”“信息安全测评系统（等级保护测评）”“调度数据网”等。

2.3.8.5 “直流场系统调试”包括不带电顺序操作试验在直流系统各种运行方式下的所有顺序操作项目。

2.3.8.6 “变电站安装工程”分系统调试清单项目同样适用于换流站安装工程，并需将“变电站”改为“换流站”。

2.3.9 整套启动调试

2.3.9.1 不带电顺序操作试验包括直流系统各种运行方式下的所有顺

序操作项目。

2.3.9.2 调度端（站）指县调、地调、省调等，各数据主站指“调度自动化系统”“继电保护和故障录波信息管理系统”“配电自动化系统”“电能量计量系统”“大客户负荷管理系统”“信息安全测评系统（等级保护测评）”“调度数据网”等。

2.3.9.3 “变电站安装工程”整套调试清单项目同样适用于换流站安装工程，需将“变电站”改为“换流站”。

2.3.9.4 “试运专项测量”用于换流站安装工程时，工作内容变更为“换流站交流母线试运专项测量”。

2.3.10 特殊项目调试

2.3.10.1 “表计校验”适用于电能表、SF_6密度继电器、气体继电器等。

2.3.10.2 “1000kV系统专项试验”用于“线路单相人工瞬时接地试验”“线路分、合、分试验”时，以“回”为单位计量；用于系统动态扰动试验、大负荷试验时，以“系统”为单位计量；用于避雷器工况检测时，以“组”为单位计量；用于变压器零起升流、变压器零起升压、可听噪声测量、电磁环境测量时，以“站”为单位计量。

2.3.10.3 “直流避雷器参考电压测量”“直流避雷器持续电流测量”适用于直流避雷器、阀避雷器、阀桥避雷器。

2.3.10.4 “变电站安装工程”特殊项目调试清单项目同样适用于换流站安装工程，并需将“变电站”改为“换流站”。

2.3.11 光纤通信数字设备工程（编码：A）

2.3.11.1 “无源光网络设备”适用于光分路器、光网络单元、光线路终端单元等PON设备。

2.3.11.2 分配架适用于光纤分配架、数字分配架、音频分配架、网络分配架、综合分配架。

2.3.11.3 “固定线缆”适用于布放固定PCM设备至音频分配架电缆，包括二端头制作。

2.4 输电线路工程量计算规范

2.4.1 架空输电线路工程

2.4.1.1 落水洞回填、危石清理等工作，应在“措施项目”清单计价中计列。

2.4.1.2 基础垫层挖方包含在基坑挖方中，不再单独计列。

2.4.1.3 基础的基坑挖方及回填工程量是按设计尺寸计算的净量，不含施工操作裕度及放坡系数增加的尺寸，其基坑底部的尺寸应考虑垫层部分的增加尺寸；如设计要求换土（借土回填）的，按“F16地基处理”清单项目计列。

2.4.1.4 各类土、石质按设计地质资料确定，除挖孔基础外，不作分层计算；同一坑、槽、沟内出现两种或两种以上不同土、石质时，则一般选用含量较大的一种确定其类型；出现流砂层时，不论其上层土质占多少，全坑均按流砂坑计算；出现地下水涌出时，全坑按水坑计算。

2.4.1.5 挖孔基础指掏挖基础、岩石嵌固式基础、挖孔桩基础；同一孔中不同土质，根据地质勘测资料，分层计算工程量。

2.4.1.6 “孔径”和“孔深”步距可参考定额步距描述。

2.4.1.7 “杆塔坑基坑挖方及回填”“挖孔基础挖方”余土外运运距可以由招标人根据工程实际情况进行描述，也可以由投标人根据工程实际情况自行考虑。

2.4.1.8 土石方体积按天然密实体积计算。

2.4.1.9 项目特征中“地质类别”，按岩土工程勘测报告提供的地质资料描述。

2.4.1.10 基础回填：按挖方清单项目工程量减去自然地坪以下埋设的基础体积（包括基础垫层及其他构筑物）。

2.4.1.11 地脚螺栓的附属材料，如环形定位板等计入“地脚螺栓”，“地脚螺栓”工程量包含地脚螺栓箍筋质量。

2.4.1.12 “桩径”“桩长”“孔径”和“孔深”步距可参考定额步距描述。

2.4.1.13 “大体积混凝土”是指因混凝土水化热引起的，在设计文件中已明确要求在混凝土中采取温度控制措施的混凝土基础。

2.4.1.14 “现浇基础”项目特征中基础类型名称指板式基础、刚性基础、桩承台等；“挖孔基础”项目特征中“基础类型名称”指掏挖基础、岩石嵌固基础、挖孔桩基础等。

2.4.1.15 “护壁类型”分有筋现浇护壁、无筋现浇护壁、预制护壁。

2.4.1.16 基础防护包含基础防腐、基础阴极保护工程量清单项。基础阴极保护主要用于直流输电工程。

2.4.1.17 “钢管杆组立”适用于薄壁离心混凝土钢管杆。钢管杆质量包含杆身自重和横担、叉梁、脚钉、爬梯、拉线抱箍、防鸟刺等全部杆身组合构件的质量，不包含基础、接地、拉线组、绝缘子金具串的质量。

2.4.1.18 拉线塔质量包含塔身自重、脚钉、爬梯、防鸟刺等全部塔身组合构件的质量，不包含基础、接地、拉线组、绝缘子金具串的质量。

2.4.1.19 自立塔质量包含塔身自重、脚钉、爬梯、电梯井架、螺栓、防鸟刺等全部塔身组合构件的质量，不包含基础、接地、绝缘子金具串的质量。

2.4.1.20 “杆型”包括单杆、双杆、三联杆。

2.4.1.21 “杆塔结构类型”包括角钢塔、钢管杆、钢管塔、薄壁离心混凝土钢管杆。

2.4.1.22 “杆塔刷漆”质量按所需刷漆铁件设计质量计算。

2.4.1.23 接地槽开挖与基础开挖重叠部分的土石方量已计列在“基础土石方”的相应清单项目中，不另行计算与基础重叠部分的土石方量。

2.4.1.24 同塔混压多回路导线架设时,在项目特征“回路数”中描述不同电压的回路数。同塔多回导线架设时，在项目特征“回路数”中描述，如同塔二回、架设第二回。

2.4.1.25 特殊跨越是指采用非脚手架搭设方式跨越被跨越物的形式。

2.4.1.26 跨越高速铁路，按施工组织方案另行计算。

2.4.1.27 飞行器展放引绳定额中的飞行器租赁费，发生时另行计算。包括被跨越物产权部门提出的咨询、监护、路基占用等，如需要时可按政府或有关部门的规定另计。

2.4.1.28 “河流宽度步距”可参考定额步距描述。

2.4.1.29 “导线耐张串”清单项目计量单位“组”是指单侧单相为一组。

2.4.1.30 相间间隔棒以“组”为计量单位计算，指连接两相导线之间的相间间隔棒为一组。

2.4.1.31 “导线悬垂串、跳线串安装”“导线耐张串安装”清单项目包括连接金具、绝缘子、线夹、预绞丝、护线条、均压环、屏蔽环等。

2.4.1.32 “其他金具安装”指与绝缘子串不相连而需要独立安装的单元，如防振锤、重锤、间隔棒、阻尼线、阻冰环等。

2.4.1.33 “导线跳线制作、安装”清单项目不包括跳线间隔棒安装，如发生时执行“其他金具安装”清单项目。

2.4.1.34 “组合串联型式”包括I串单联、I串双联、V串单联、V串双联、倒伞串单联、倒伞串双联。

2.4.1.35 “跳线类型”包括软跳线、刚性跳线。

2.4.1.36 避雷线、OPGW、耦合屏蔽线金具串执行“其他金具安装”项目，但不含安装工作内容。安装工作内容已经包含在“避雷线架设”“OPGW架设”“耦合屏蔽线架设”清单项目中。

2.4.1.37 “索道站安装”的计量单位“处”是指配有一台索道牵引机，并能够独立运转、运输物料的一处索道。

2.4.1.38 “护坡、挡土墙及排洪沟”“基础永久围堰”中的钢筋制作工程量，按“基础钢材”的相应清单项目计列。

2.4.1.39 线路单相人工瞬时接地测量，直流线路电磁环境测试，直流线路测量等工程量清单项用于直流输电线路。

2.4.1.40 当输电线路工程为架空线路与电缆线路混合的工程时，调试工程量清单按工程实际情况计列在架空线路或电缆线路项目中，同一回路线路只计算一回工程量。

2.4.1.41 措施项目包含井点降水、施工道路等工程量清单项。“施工降水”清单项目适用于地下工程施工时，出现地下水需采用井点设备降水的项目，不适用由于降雨或其他地表水引发的基坑排水。施工道路工程量清单项不包含道路修筑所涉及的建设场地占用及清理费用，即通常所指的土地占用或租用费用、青苗赔偿、树木砍伐、建筑拆迁等费用。清单项工作内容的场地清理仅是指施工道路修筑过程中发生地表物料、废料的清理。

2.4.1.42 用户光缆一般不需要单盘测试，发生时执行“光缆单盘测试”清单项目。

2.4.1.43 OPPC（相线复合光缆）、OPLC（光纤复合低压电缆）接续、测试发生时，执行光缆接续、测试清单项目。

2.4.2 电缆线路建筑工程

2.4.2.1 土石方体积按天然密实体积计算。

2.4.2.2 清单项目“修复路面”是指电缆敷设路径上，原有道路因电缆敷设需破路面，敷设完成后的路面修复。

2.4.2.3 “钢构件”包含电缆建筑工程中所有钢构件，如钢格栅、钢平台等。

2.4.2.4 “构件形式”是指成品形式，如：预制盖板四周为角钢等。

2.4.2.5 U形槽敷设电缆时，执行“直埋电缆垫层及盖板”清单项目，其中预制U形槽，执行“预制混凝土件”清单项目。

2.4.2.6 “砖砌电缆沟、浅槽”设计图纸所示体积为实体体积，包括砌体与混凝土数量总和，不含垫层、集水坑、井筒、盖板体积。

2.4.2.7 防水项目特征“防水部位”指立面或平面。卷材铺设时的搭接、防水薄弱处的附加层，均包括在定额内，其工程量不单独计算。

2.4.2.8 “混凝土电缆沟、浅槽”清单项目，适用整体结构为混凝土结构的电缆沟、浅槽，工程量按混凝土实体体积计算，不含垫层、集水坑、井筒、盖板等体积。

2.4.2.9 “管道顶进”“水平导向钻进”“顶电缆保护管”不适用隧道管道顶进。工程量以工井内壁间长度水平长度计算，当实际为同孔多管时，工程量应乘管数。

2.4.2.10 “砌筑工作井”设计图纸所示尺寸体积为实体体积，包括砌体与混凝土数量总和应扣除人孔、井壁凸口等孔洞及垫层、集水坑、井筒、盖板的体积。

2.4.2.11 “混凝土工作井”清单项目，适用整体结构为混凝土结构的工作井，工程量按实体体积计算，不含人孔、井壁凸口等孔洞及垫层、集水坑、井筒、盖板的体积。

2.4.2.12 沟道项目中所涉及的通风、排水、照明、消防，执行变电工程相应清单项目。

2.4.2.13 栈桥基础工程清单执行架空线路工程相关清单项目。

2.4.2.14 隧道工程清单项目执行GB 50857—2013《市政工程工程量计算规范》相应工程量清单项目。

2.4.2.15 辅助工程工程量清单项目执行Q/GDW 11338—2014《变电工程工程量计算规范》中变电建筑工程工程量清单项目。

2.4.3 电缆线路安装工程

2.4.3.1 电缆桥架的“型式”应描述为桥架、梯架、槽盒、托盘等。

2.4.3.2 项目特征中的断面，按其宽度 × 高度描述。

2.4.3.3 桥架、支架为购买成品安装时，工作内容不包含制作，材料价格为成品价格。

2.4.3.4 电缆敷设的长度以设计材料清单的计算长度为依据，包括材料损耗、波形敷设，接头制作和两端预留弯头等附加长度，以“m”为单位计列，计量单位“m”指单芯电缆m/单相，三芯电缆m/三相。

2.4.3.5 架设架空光缆工程量以光缆线路路径长度计算。光缆接续工程量按接头个数计算，只计算线路光缆中间部分的连接头。变电站构架光缆接头盒至机房的光缆熔接均执行厂（站）内光缆熔接。

2.4.3.6 随电缆工程安装的通信光缆，执行通信工程相关清单项目。

2.4.3.7 电缆头的计量单位为“套”，交流线路工程计量单位为“套/三相”。

2.4.3.8 “接地箱”包括直接接地箱、护层保护器、护层保护器接地箱、交叉互联箱等。接地装置名称要描述单相或三相，单相时计量单位为

“套”，三相时计量单位为“套/三相”。

2.4.3.9 “接地体敷设”清单项目指接地极与接地体（设备）间的连接接地母线。

2.4.3.10 项目特征“防火形式”指防火带、防火槽、防火涂料、防火弹、防火墙、孔洞防火封堵、防火隔板等。

2.4.3.11 计量单位选择，防火带、防火槽计量单位为“m”；防火涂料、防火墙、防火隔板计量单位为“m^2”；防火弹计量单位为“套”；孔洞防火封堵计量单位为“t”。

2.4.3.12 项目特征“试验项目”描述，原则上按规程规范要求所做的试验项目，如有特殊要求的应描述清楚。

3

输变电工程施工合同结算条款解读

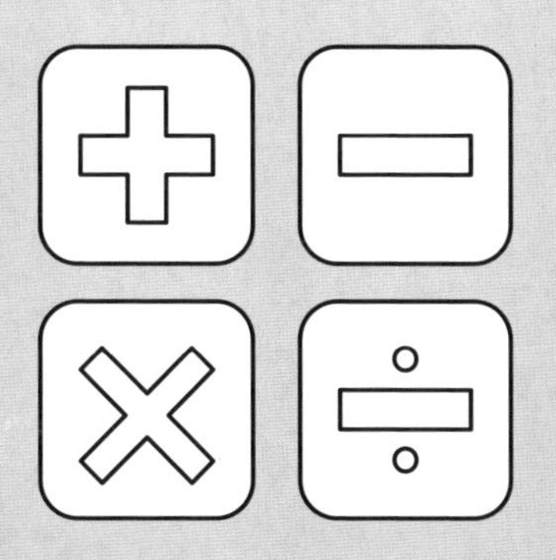

3.1　合同协议书

3.1.1　签约合同价为人民币（大写）____________（¥____）（含税），其中，不含税价格人民币（大写）____________（¥____），增值税税率____%，增值税税额____元。若国家出台新的税收政策，合同约定税率与国家法律法规及税务机关规定的税率不一致时，对于尚未完成结算且未开具增值税税率发票的部分，按照国家法律法规及税务机关规定的增值税税率调整含税价格，价格调整以不含税价为基准。具体价格构成详见《价格表》。

3.1.2　合同价格形式。发包人和承包人同意合同价格形式采用下列第__种形式：

（1）单价合同。

（2）总价合同。

（3）其他合同价格形式：__________________。

3.2 通用合同条款和专用合同条款的比对

序号	通用合同条款		专用合同条款	备注
1	一般约定			
1.1	词语定义	通用合同条款、专用合同条款中的下列词语应具有本款所赋予的含义		
1.1.1	合同			
1.1.1.1	合同文件（或称合同）	指合同协议书、中标通知书、投标函及投标函附录、专用合同条款、通用合同条款、技术标准和要求、图纸、已标价工程量清单，以及其他合同文件		
1.1.1.2	合同协议书	承包人按中标通知书规定的时间与发包人签订合同协议书。除法律另有规定或合同另有约定外，发包人和承包人的法定代表人或其委托代理人在合同协议书上签名并盖单位章后，合同生效		

续表

序号	通用合同条款		专用合同条款	备注
1.1.1.3	中标通知书	指发包人通知承包人中标的函件		
1.1.1.4	投标函	指构成合同文件组成部分的由承包人填写并签署的投标函		
1.1.1.5	投标函附录	指附在投标函后构成合同文件的投标函附录		
1.1.1.8	已标价工程量清单	指构成合同文件组成部分的由承包人按照规定的格式和要求填写并标明价格的工程量清单		
1.1.2	合同当事人和人员			
1.1.2.1	合同当事人	指发包人和（或）承包人		
1.1.2.2	发包人	指专用合同条款中指明并与承包人在合同协议书中签名的当事人		
1.1.2.3	承包人	指与发包人签订合同协议书的当事人		

续表

序号	通用合同条款		专用合同条款	备注
1.1.2.5	分包人	指从承包人处分包合同中某一部分工程，并与其签订分包合同的分包人	（修改为） 分包人：指经承包人申请、监理人审核、发包人同意，以分包形式承担合同允许范围内部分工程施工任务或劳务作业任务的当事人	
1.1.2.6	监理人	指在专用合同条款中指明的，受发包人委托对合同履行实施管理的法人或其他组织		
1.1.3	工程和设备			
1.1.3.1	工程	指永久工程和（或）临时工程		
1.1.3.2	永久工程	指按合同约定建造并移交给发包人的工程，包括工程设备		
1.1.3.3	临时工程	指为完成合同约定的永久工程所修建的各类临时性工程，不包括施工设备		
1.1.3.5	工程设备	指构成或计划构成永久工程一部分的机电设备、金属结构设备、仪器装置及其他类似的设备和装置		

续表

序号	通用合同条款		专用合同条款	备注
1.1.3.6	施工设备	指为完成合同约定的各项工作所需的设备、器具和其他物品，不包括临时工程和材料		
1.1.3.7	临时设施	指为完成合同约定的各项工作所服务的临时性生产和生活设施		
1.1.3.8	承包人设备	指承包人自带的施工设备		
1.1.3.9	施工场地（或称工地、现场）	指用于合同工程施工的场所，以及在合同中指定作为施工场地组成部分的其他场所，包括永久占地和临时占地		
1.1.3.10	永久占地	指专用合同条款中指明为实施合同工程需永久占用的土地	（修改为） 设计图纸要求的为实施合同工程需永久占用的土地	
1.1.3.11	临时占地	指专用合同条款中指明为实施合同工程需临时占用的土地		

续表

序号	通用合同条款		专用合同条款	备注
1.1.5	合同价格和费用			
1.1.5.1	签约合同价	指签订合同时合同协议书中写明的，包括了暂列金额、暂估价的合同总金额		
1.1.5.2	合同价格	指承包人按合同约定完成了包括缺陷责任期内的全部承包工作后，发包人应付给承包人的金额，包括在履行合同过程中按合同约定进行的变更和调整	（修改为） （1）合同价格包括签约合同价以及按照合同约定进行的调整； （2）合同价格包括承包人依据法律规定或合同约定应支付的规费和税金； （3）签约合同价中列出的工程量清单，不得将其视为要求承包人实施的工程实际或准确的工作量，合同约定工程的某部分按照实际完成工程量进行价款支付的，应按照合同约定进行计量和估价，并据此调整合同价格； （4）合同价格调整的范围包括：法律法规变化，工程量变化、设计变更及签证，项目特征不符，工程量清单缺项，物价波动，暂列金额，暂估价，不可抗力以及承发包双方约定的其他调整事项	
1.1.5.3	费用	指为履行合同所发生的或将要发生的所有合理开支，包括管理费和应分摊的其他费用，但不包括利润		

续表

序号	通用合同条款		专用合同条款	备注
1.1.5.4	暂列金额	指已标价工程量清单中所列的暂列金额，用于在签订协议书时尚未确定或不可预见变更的施工及其所需材料、工程设备、服务等的金额，包括以计日工方式支付的金额		
1.1.5.5	暂估价	指发包人在工程量清单中给定的用于支付必然发生但暂时不能确定价格的材料、设备以及专业工程的金额		
1.1.5.3	计日工	指对零星工作采取的一种计价方式，按合同中的计日工子目及其单价计价付款		
1.1.5.8	重大设计变更、现场签证		（增加） 重大设计变更、现场签证：重大设计变更指改变了初步设计审定的设计方案、主要设备选型、工程规模、建设标准等原则意见，或单项设计变更投资变化超过20万元的设计变更；重大签证是指单项签证投资增减额超过10万元的签证	

续表

序号	通用合同条款		专用合同条款	备注
1.1.5.9	一般设计变更、现场签证		（增加） 一般设计变更、现场签证：指重大设计变更、签证以外的设计变更、现场签证	
1.4	合同文件的优先顺序	组成合同的各项文件应互相解释，互为说明。除专用合同条款另有约定外，解释合同文件的优先顺序如下： （1）合同协议书； （2）中标通知书； （3）投标函及投标函附录； （4）专用合同条款； （5）通用合同条款； （6）技术标准和要求； （7）图纸； （8）已标价工程量清单； （9）其他合同文件		
1.5	合同协议书	承包人按中标通知书规定的时间与发包人签订合同协议书。除法律另有规定或合同另有约定外，发包人和承包人的法定代表人或其委托代理人在合同协议书上签名并盖单位章后，合同生效		

续表

序号	通用合同条款	专用合同条款	备注
1.10	化石、文物		
1.10.1	在施工场地发掘的所有文物、古迹以及具有地质研究或考古价值的其他遗迹、化石、钱币或物品属于国家所有。一旦发现上述文物，承包人应采取有效合理的保护措施，防止任何人员移动或损坏上述物品，并立即报告当地文物行政部门，同时通知监理人。发包人、监理人和承包人应按文物行政部门要求采取妥善保护措施，由此导致费用增加和（或）工期延误由发包人承担		
1.10.2	承包人发现文物后不及时报告或隐瞒不报，致使文物丢失或损坏的，应赔偿损失，并承担相应的法律责任		

续表

序号	通用合同条款		专用合同条款	备注
1.11	专利技术		标题修改：知识产权	
1.11.1		承包人在使用任何材料、承包人设备、工程设备或采用施工工艺时，因侵犯专利权或其他知识产权所引起的责任，由承包人承担，但由于遵照发包人提供的设计或技术标准和要求引起的除外		
1.11.2		承包人在投标文件中采用专利技术的，专利技术的使用费包含在投标报价内		
2	发包人义务			
2.3	提供施工场地	发包人应按专用合同条款约定向承包人提供施工场地，以及施工场地内地下管线和地下设施等有关资料，并保证资料的真实、准确、完整	（修改为） 2.3.1 发包人应在开工前7天内向承包人提供施工场地。 2.3.2 发包人提供的场地范围：施工图设计文件标明的范围。 2.3.3 发包人应在开工前7天内在施工现场提供施工场地内地下管线和地下设施等有关资料。 2.3.4 发包人应按以下约定的时间、地点和要求完成下列工作，使施工场地具备开工条件： （1）水、电、通信、道路等进入施工场地。	

续表

序号	通用合同条款		专用合同条款	备注
2.3	提供施工场地	发包人应按专用合同条款约定向承包人提供施工场地，以及施工场地内地下管线和地下设施等有关资料，并保证资料的真实、准确、完整	1）变电站。 水：承包人自行解决，费用已包含在合同价格中。 电：招标范围包含施工电源的，由承包人自行解决，费用已包含在合同价格中；否则由发包人在开工前7日内，施工现场提供。 通信：承包人自行解决，费用已包含在合同价格中。 施工场地与公共道路之间的通道：开工前7天内。 2）线路（适用于线路工程和输变电工程中线路部分）。 水：承包人自行解决，费用已包含在合同价格中。 电：承包人自行解决，费用已包含在合同价格中。 通信：承包人自行解决，费用已包含在合同价格中。 施工道路：承包人自行解决，费用已包含在合同价格中。 （2）发包人应完成的相关证件、批件：双方协商确定。 （3）提供水准点与坐标控制点位置及交验：发包人在承包人进场后7天内，通过监理向承包人提供水准点与坐标控制点位置及书面资料。承包人须在监理现场要求的期限内完成施工控制网的测设，并将施工控制网资料报监理审批。 2.3.5 发包人应组织图纸会审和设计交底。根据工程进展，图纸会审及设计交底由业主项目部组织在现场进行	
2.4	协助承包人办理证件和批件	发包人应协助承包人办理法律规定的有关施工证件和批件		

续表

序号	通用合同条款		专用合同条款	备注
2.8	其他义务	发包人应履行合同约定的其他义务	2.8.1 保障农民工工资支付 （1）发包人应当按照合同约定及时拨付工程款，并将人工费用及时足额拨付至农民工工资专用账户，加强对承包人按时足额支付农民工工资的监督。 （2）发包人应当以项目为单位建立保障农民工工资支付协调机制和工资拖欠预防机制，督促承包人加强劳动用工管理，妥善处理与农民工工资支付相关的矛盾纠纷。发生农民工集体讨薪事件的，发包人应当会同承包人及时处理，并向项目所在地人力资源社会保障行政部门和相关行业工程建设主管部门报告有关情况。 （3）其他：①发包人与承包人因工程完工数量、质量、造价等产生争议的，发包人不得因争议不拨付工程款中的人工费用，影响承包人按照规定代发农民工工资；②建立信息反馈监督机制，发包人应适时对承包人、分包商等用工单位农民工工资实名制支付情况进行监督、检查，确保依法依规、按时足额支付	
4	承包人			
4.1	承包人的一般义务			
4.1.1	遵守法律	承包人在履行合同过程中应遵守法律，并保证发包人免于承担因承包人违反法律而引起的任何责任		

续表

序号	通用合同条款		专用合同条款	备注
4.1.2	依法纳税	承包人应按有关法律规定纳税，应缴纳的税金包括在合同价格内		
4.1.3	完成各项承包工作	承包人应按合同约定以及监理人根据第3.4款作出的指示，实施、完成全部工程，并修补工程中的任何缺陷。除专用合同条款另有约定外，承包人应提供为完成合同工作所需的劳务、材料、施工设备、工程设备和其他物品，并按合同约定负责临时设施的设计、建造、运行、维护、管理和拆除	（修改为） （1）承包人应按合同约定以及监理人根据第3.4款作出的指示，实施、完成全部工程，并修补工程中的任何缺陷，承包人应提供为完成合同工作所需的劳务、材料、施工设备、工程设备和其他物品，并负责临时设施的设计、建造、运行、维护、管理和拆除。 （2）承包人应严格执行国家电网有限公司输变电工程施工项目部标准化管理手册，完成工程施工项目部的设置，开展项目管理、安全管理、质量管理、造价管理、技术管理等。 （3）负责拆除工程设备材料的拆除、回收、免费6个月的义务保管及迹地恢复等工作，并运送到资产所属单位指定地点并办理移交手续	
4.1.4	对施工作业和施工方法的完备性负责	承包人应按合同约定的工作内容和施工进度要求，编制施工组织设计和施工措施计划，并对所有施工作业和施工方法的完备性和安全可靠性负责	（修改为） 承包人应按合同约定的工作内容和施工进度要求，编制施工组织设计和施工措施计划，承包人施工作业和施工方法应满足国家电网有限公司项目管理要求、国家电网有限公司机械化施工相关要求（包括编写机械化施工专项方案、填写机械化施工装备配置表、计算单项工程机械化率等），并对所有施工作业和施工方法的完备性和安全可靠性负责	

续表

序号	通用合同条款		专用合同条款	备注
4.1.5	保证工程施工和人员的安全	承包人应按第9.2款约定采取施工安全措施，确保工程及其人员、材料、设备和设施的安全，防止因工程施工造成的人身伤害和财产损失		
4.1.6	负责施工场地及其周边环境与生态的保护工作	承包人应按照第9.4款约定负责施工场地及其周边环境与生态的保护工作	（修改为） 承包人应按照第9.4款约定负责施工场地及其周边的环境与生态的保护工作。承包人必须采取切实有效的措施保护古树林木和文物，对于因承包人原因造成的一切损失和后果由承包人负担	
4.1.7	避免施工对公众与他人的利益造成损害	承包人在进行合同约定的各项工作时，不得侵害发包人与他人使用公用道路、水源、市政管网等公共设施的权利，避免对邻近的公共设施产生干扰。承包人占用或使用他人的施工场地，影响他人作业或生活的，应承担相应责任	（修改为） 承包人在进行合同约定的各项工作时，不得侵害发包人与他人使用公用道路、水源、市政管网等公共设施的权利，避免对邻近的公共设施产生干扰。承包人施工作业过程中，应随时关注工程周边的财产、工程建设、场地周围建筑物以及地下管线等情况，对有可能造成发包人方损失或对本工程建设有影响的情况及时通过监理人向发包人报告。承包人占用或使用他人的施工场地，影响他人作业或生活的，应承担相应责任。承包人应保护并保障发包人免于承担应由承包人负责的上述事项所导致的一切索赔	

续表

序号	通用合同条款		专用合同条款	备注
4.1.8	为他人提供方便	承包人应按监理人的指示为他人在施工场地或附近实施与工程有关的其他各项工作提供可能的条件。除合同另有约定外，提供有关条件的内容和可能发生的费用，由监理人按第3.5款商定或确定	承包人应按照监理人的书面要求提供以下便利，费用由便利接受人承担： （1）向发包人及其他承包人提供由承包人负责维修保养的任何道路或通道。 （2）允许发包人及其他承包人使用在施工场地上的临时工程或承包人的装备。 （3）向发包人及其他承包人提供其他便利	
4.1.9	工程的维护和照管	工程接收证书颁发前，承包人应负责照管和维护工程。工程接收证书颁发时尚有部分未竣工工程的，承包人还应负责该未竣工工程的照管和维护工作，直至竣工后移交给发包人为止	（修改为） （1）工程竣工验收签证书颁发前，承包人应负责免费照管和维护工程，包括已办理领用的工程材料、待安装的设备、工程本身、通道和相应防护设施。工程竣工验收签证书颁发时尚有部分未竣工工程的，承包人还应免费负责照管和维护该未竣工工程，直至竣工后移交给发包人为止。 工程竣工验收后，由于非承包人原因造成不能如期投产、移交的，承包人应负责工程照管并承担照管的责任，确保工程（包括本体、防护设施和通道等各部分）处于规程规范允许的良好状态。保管期限按照下列约定： 1）免费保管期限为：6个月； 2）超过免费保管期限的，发包人应按如下标准支付保管费用：每站、每线（含同塔线路）每个月保管费用为1万元。不足一个月按一个月计算。	

续表

序号	通用合同条款		专用合同条款	备注
4.1.9	工程的维护和照管	工程接收证书颁发前，承包人应负责照管和维护工程。工程接收证书颁发时尚有部分未竣工工程的，承包人还应负责该未竣工工程的照管和维护工作，直至竣工后移交给发包人为止	（2）照管期间，若工程或工程的一部分或其构成材料、设备发生损失损害，承包人应弥补此类损失损害，使这些工程符合合同的各项要求。 损失或损害可能是由于下列任何一种责任或是几种责任综合作用而引起，但无论由几种责任引起，承包人均应按监理人的要求加以弥补。如弥补涉及工期与费用或两者之一，按导致损失或损害的责任种类及所占比例处理。 1）承包人原因（包括外界人为对工程的破坏、偷盗及类似性质的外界影响）导致工程损失或损害的，为承包人的责任； 2）发包人原因导致工程损失或损害的，为发包人的责任； 3）既非承包人、亦非发包人原因导致工程损失或损害的，为第三种责任，主要为不可抗力。因发包人责任和不可抗力造成了对工程良好状态的影响，且承包人已及时向监理人汇报并履行了照管责任的，承包人不承担弥补损失的责任。 （3）照管期间，承包人应承担因承包人责任和第三人责任导致的工程毁损灭失以及工程造成他人财产或人身损害等的全部法律责任	
4.1.10	其他义务	承包人应履行合同约定的其他义务		

续表

序号	通用合同条款		专用合同条款	备注
4.1.10.1	及时报告工程管理信息		（1）承包人应按照国家、行业、国家电网有限公司技术资料及归档要求与档案整理规范，同步完成各项记录，按时完成竣工资料（含电子版）、声像资料的收集、整理、组卷、归档与移交。 （2）承包人应建立施工档案资料管理组织机构；积极参加档案技术培训，提高资料管理水平，确保施工档案资料完整移交。 （3）承包人施工记录必须为原始记录，按规定检查合格并逐级签署意见。 （4）承包人应按照发包人要求，利用信息化手段开展相应管理及信息报送，配备合格人员和相关设备满足国家电网有限公司基建信息化管理相关要求，确保按照发包人要求将工程管理信息准确、及时录入基建信息化相关系统。 1）承包人在施工过程中应遵守基建信息化管理的规章制度、管理办法和工作要求，建立以项目经理为第一责任人的工程现场信息化工作责任制，制订各级人员职责，所有参建人员均应纳入项目信息化管理，并指派专人负责现场信息化管理，经常性地开展内部信息化准确性、及时性、完整性的检查工作。保证系统应用和数据存储安全可靠，并承担因数据错误、丢失、不安全造成的后果。 2）承包人应按照发包人要求同步采集反映施工过程质量控制主要活动、关键环节、隐蔽工程状况，以及施工工艺亮点的数码照片，并同步归档、上传基建信息管理系统。严禁采用补拍、替代、合成等弄虚作假手段。 3）承包人应按发包人要求实施档案的电子化移交。 （5）承包人应在开工前配置可以满足发包人要求的基建信息化管理系统（泛指现行各类基建信息系统），平稳运行所需的软硬件。并应按发包人要求完成施工现场信息采集（包括视频、实名制信息采集等）、感知设备等有关设施的部署。 （6）承包人应协助发包人、监理人开展基建信息化相关应用，并提供便利	

续表

序号	通用合同条款		专用合同条款	备注
4.1.10.2	协助发包人项目管理及协调		（1）承包人应协助开展相关工程建设管理工作，配合发包人组织工程期间相关协调会议，配合达标投产、国家电网有限公司及国家优质工程创建、工程后评估等各项专项活动；负责工程安全质量监督检查、交叉互查以及环保、水保、劳动卫生、安全、档案等专项检查验收的自检（验收）和迎检准备并为开展此类活动提供便利。 （2）承包人应协助发包人催交发包人供应的设备材料。 （3）协助发包人（建设管理单位）和工程所在地供电公司，开展属地协调工作，承担相应的责任义务；工程建设期间承包人施工项目部应设置一名专职协调人员负责与建设管理单位、工程所在地供电公司协同工作。由承包人负责的建设协调责任义务包括但不限于： 1）以承包人名义办理或受发包人委托，负责以发包人名义代为办理各等级高速公路、公路、铁路（含高铁）、河流（含人工渠）、石油燃气管道、通信线路等的穿跨及施工相关手续；负责工程本体交叉跨越35kV及以下电力线路停电手续。 2）参加复核设计资料中工程场地、通道清理范围及障碍物的性质、类型、数量。 3）受发包人委托，负责线路工程塔基永久占地、缆路通道使用协调，协助发包人签订补偿协议，按照协议开展线路地下农耕管线、暗坟等隐蔽障碍物清理、赔偿，以及其他零星障碍物补偿及清理工作。 4）以承包人名义办理或受发包人委托，负责以发包人名义代为办理线路（缆路）工程施工用地使用（含临时占地、施工及运输通道及其他相关）手续。 5）负责施工场地、临时占地的地貌、植被恢复等工作。 6）做好拆迁赔偿等必要的原始资料和凭证记录归档与移交	

续表

序号	通用合同条款		专用合同条款	备注
4.1.10.3	发现错误并通知		承包人应将其在审阅合同文件及施工过程中发现管理及设计的任何错误、遗漏、误差和缺陷及时通知监理人，并将可能造成工程返工、建设投资浪费或影响工程建设顺利实施的因素及时通知监理人和发包人	
4.1.10.4	提出合理化建议		承包人应对工程设计、施工提出合理化建议，如建议得到采纳，降低工程造价或避免造成损失的，经监理人审查报发包人确认后，发包人可根据情况酌情给予承包人奖励	
4.1.10.5	协助生产准备		承包人应为运行维护单位提供生产验收便利，协助生产准备相关设置的安装（标志牌、警示牌、相序牌等）	
4.9	工程价款应专款专用	发包人按合同约定支付给承包人的各项价款应专用于合同工程		
4.10	承包人现场查勘			
4.10.1		发包人应将其持有的现场地质勘探资料、水文气象资料提供给承包人，并对其准确性负责。但承包人应对其阅读上述有关资料后所作出的解释和推断负责		

续表

序号	通用合同条款		专用合同条款	备注
4.10.2		承包人应对施工场地和周围环境进行查勘，并收集有关地质、水文、气象条件、交通条件、风俗习惯以及其他为完成合同工作有关的当地资料。在全部合同工作中，应视为承包人已充分估计了应承担的责任和风险	（修改为） 承包人应被认为在提交投标文件之前已调查和考察了施工场地及其周围环境，以及与之有关的数据，并认为下列内容已经满足其自身需要（指基于对成本及工期的考虑）： （1）工程类型、自然条件和风俗习惯。 （2）地质、水文和气候条件。 （3）工程范围和性质、工程量以及为完成工程及维修缺陷所需的材料。 （4）进出施工场地的方式及承包人可能需要的交通、食宿条件，且承包人已取得有关诸如可能对其投标产生影响的风险、意外事故及所有其他情况的全部必要资料。 承包人的投标函及附录应被视为是建立在上述由发包人提供的资料及承包人对现场的调查和考察的基础之上的，且充分估计了应承担的责任和风险	
4.11	不利物质条件			
4.11.1		不利物质条件，除专用合同条款另有约定外，是指承包人在施工场地遇到的不可预见的自然物质条件、非自然的物质障碍和污染物，包括地下和水文条件，但不包括气候条件	不利物质条件的其他情形和有关约定：/(可补充)	

续表

序号	通用合同条款		专用合同条款	备注
4.11.2		承包人遇到不利物质条件时，应采取适应不利物质条件的合理措施继续施工，并及时通知监理人。监理人应当及时发出指示，指示构成变更的，按第15条约定办理。监理人没有发出指示的，承包人因采取合理措施而增加的费用和（或）工期延误，由发包人承担		
5	材料和工程设备			
5.1	承包人提供的材料和工程设备			
5.1.1		除专用合同条款另有约定外，承包人提供的材料和工程设备均由承包人负责采购、运输和保管。承包人应对其采购的材料和工程设备负责	发包人对承包人提供的材料和工程设备的其他约定如下： （1）承包人提供的材料的类别，应参考附件9承包人提供材料的类别范围。 （2）承包人应按进度计划及时采购由其负责的材料和工程设备，并向监理人报告采购结果，如采购延误、失误导致工程损失由承包人承担	

续表

序号	通用合同条款	专用合同条款	备注
5.1.2	承包人应按专用合同条款的约定，将各项材料和工程设备的供货人及品种、规格、数量和供货时间等报送监理人审批。承包人应向监理人提交其负责提供的材料和工程设备的质量证明文件，并满足合同约定的质量标准	承包人将各项材料和工程设备的供货人及品种、规格、数量和供货时间等报送监理人审批的约定如下：根据工程进度及材料、设备采购、供应情况适时报送。 质量标准约定如下：承包人所采购的材料和工程设备所使用的原材料及其制成品质量必须达到国家标准或行业标准、施工验收规范以及设计技术要求，承包人应对其质量负完全责任	
5.1.3	对承包人提供的材料和工程设备，承包人应会同监理人进行检验和交货验收，查验材料合格证明和产品合格证书，并按合同约定和监理人指示，进行材料的抽样检验和工程设备的检验测试，检验和测试结果应提交监理人，所需费用由承包人承担	对承包人提供的材料和工程设备检验的约定如下：承包人应提供检验、测试及试验任何材料、设备通常所需要的协助，包括劳力、电力、燃料、储藏室、仪器及仪表，并应在这些材料或设备等用于工程之前，按监理人的选择和要求，提供材料样品以供试验	

续表

序号	通用合同条款		专用合同条款	备注
5.2	发包人提供的材料和工程设备			
5.2.1		发包人提供的材料和工程设备，应在专用合同条款中写明材料和工程设备的名称、规格、数量、价格、交货方式、交货地点和计划交货日期等	发包人提供的材料和工程设备约定如下： （1）发包人提供的材料和工程设备名称、规格、数量、价格：发包人提供的材料和工程设备的类别范围，参考合同附件10；发包人提供设备和材料的类别范围，具体的规格、数量、价格等以工程量清单和实际设备、材料采购文件为准。 （2）交货地点：包括但不限于施工现场、承包人材料站。 （3）交货时间：满足工程建设进度要求。 （4）交货方式：包括但不限于施工现场交货、车板交货	
5.2.2		承包人应根据合同进度计划的安排，向监理人报送要求发包人交货的日期计划。发包人应按照监理人与合同双方当事人商定的交货日期，向承包人提交材料和工程设备		

续表

序号	通用合同条款		专用合同条款	备注
5.2.3		发包人应在材料和工程设备到货7天前通知承包人，承包人应会同监理人在约定的时间内，赴交货地点共同进行验收。除专用合同条款另有约定外，发包人提供的材料和工程设备验收后，由承包人负责接收、运输和保管	（修改为） 发包人应在材料和工程设备到货7天前通知承包人，承包人应会同监理人在约定的时间内，赴交货地点共同进行验收。运至施工现场（承包人材料站场）发包人提供的材料和工程设备验收后，由承包人负责接收（含车板交货材料、设备的卸车），承包人负责运输和保管。 承包人应协助发包人提供的材料和工程设备在非施工现场（承包人材料站场）交货点（港口、车站等）临时卸货场地的租赁及协调	
5.2.4		发包人要求向承包人提前交货的，承包人不得拒绝，但发包人应承担承包人由此增加的费用		
5.2.5		承包人要求更改交货日期或地点的，应事先报请监理人批准。由于承包人要求更改交货时间或地点所增加的费用和（或）工期延误由承包人承担		

续表

序号	通用合同条款		专用合同条款	备注
5.2.6		发包人提供的材料和工程设备的规格、数量或质量不符合合同要求，或由于发包人原因发生交货日期延误及交货地点变更等情况的，发包人应承担由此增加的费用和（或）工期延误，并向承包人支付合理利润	（修改为） 发包人提供的材料和工程设备的规格、数量或质量不符合合同要求，或由于发包人原因发生交货日期延误及交货地点变更等情况的，发包人应承担由此增加的费用和（或）工期延误	
5.3	材料和工程设备专用于合同工程			
5.3.1		运入施工场地的材料、工程设备，包括备品备件、安装专用工器具与随机资料，必须专用于合同工程，未经监理人同意，承包人不得运出施工场地或挪作他用		

续表

序号	通用合同条款		专用合同条款	备注
5.3.2		随同工程设备运入施工场地的备品备件、专用工器具与随机资料，应由承包人会同监理人按供货人的装箱单清点后共同封存，未经监理人同意不得启用。承包人因合同工作需要使用上述物品时，应向监理人提出申请		
5.4	禁止使用不合格的材料和工程设备			
5.4.1		监理人有权拒绝承包人提供的不合格材料或工程设备，并要求承包人立即进行更换。监理人应在更换后再次进行检查和检验，由此增加的费用和（或）工期延误由承包人承担	（修改为） 承包人使用不合格材料、工程设备，或采用不适当的施工工艺，或施工不当，造成工程不合格的，监理人可以随时发出指示，要求承包人立即停止施工，采取措施进行补救，直至达到合同要求的质量标准，由此增加的费用和（或）工期延误由承包人承担。 监理人有权随时发出下述指令，要求承包人： （1）在指令规定的时间内一次或分几次从现场搬走监理人认为不符合合同约定的任何材料或设备。 （2）用适用、合格的材料或设备取代原来的材料或设备	

续表

序号	通用合同条款		专用合同条款	备注
5.4.2		监理人发现承包人使用了不合格的材料和工程设备，应即时发出指示要求承包人立即改正，并禁止在工程中继续使用不合格的材料和工程设备		
5.4.3		发包人提供的材料或工程设备不符合合同要求的，承包人有权拒绝，并可要求发包人更换，由此增加的费用和（或）工期延误由发包人承担	（修改为） 发包人提供的材料或工程设备不符合合同要求的，承包人有权拒绝，并可要求发包人更换，由此增加的费用和（或）工期延误由发包人承担。 承包人对发包人提供的材料和工程设备没有进行必要的检验或经检验不合格仍然使用的，视为承包人对建设工程质量缺陷存在过错，承包人应承担相应责任	
6	施工设备和临时设施			
6.1	承包人提供的施工设备和临时设施			

续表

序号	通用合同条款		专用合同条款	备注
6.1.1		承包人应按合同进度计划的要求，及时配置施工设备和修建临时设施。进入施工场地的承包人设备需经监理人核查后才能投入使用。承包人更换合同约定的承包人设备的，应报监理人批准	（修改为） 承包人应结合进度计划，按投标承诺配置施工设备和修建临时设施。进入施工场地的承包人设备需经监理人核查后才能投入使用。承包人更换合同约定的承包人设备的，应报监理人批准	
6.1.2		除专用合同条款另有约定外，承包人应自行承担修建临时设施的费用，需要临时占地的，应由发包人办理申请手续并承担相应费用	（修改为）: 承包人的临时设施（包括：堆场、库房、办公用房等）: （1）按国家电网有限公司输变电工程安全文明施工标准化管理规定修建。 （2）承包人应自行承担修建临时设施的费用，需要临时占地的且需承包人自行办理的，应由承包人自行办理申请及使用手续并承担地上附着物及青苗补偿、临时占地及场地平整、场地租用、复垦等相关费用。 施工现场必须配备可以平稳运行发包人要求的信息系统的计算机、网络设备（有线、无线均可）、存储介质等信息设备。开通因特网并具备良好的传输速度，网络带宽不低于1M，满足现场各类信息系统（包括基建数字化平台、风控平台、e基建等）运行要求。 35kV及以上变电站施工工程，开工前施工现场必须完成视频接入现场信息系统工作	

续表

序号	通用合同条款		专用合同条款	备注
6.2	发包人提供的施工设备和临时设施	发包人提供的施工设备或临时设施在专用合同条款中约定	发包人不提供施工设备，发包人的现场办公场所，由承包人解决，费用包含在合同价格中。设计人及监理人的现场办公场所由其自行负责，承包人应提供应有的便利	
6.3	要求承包人增加或更换施工设备	承包人使用的施工设备不能满足合同进度计划和（或）质量要求时，监理人有权要求承包人增加或更换施工设备，承包人应及时增加或更换，由此增加的费用和（或）工期延误由承包人承担		
6.4	施工设备和临时设施专用于合同工程			
6.4.1		除合同另有约定外，运入施工场地的所有施工设备以及在施工场地建设的临时设施应专用于合同工程。未经监理人同意，不得将上述施工设备和临时设施中的任何部分运出施工场地或挪作他用		

续表

序号	通用合同条款		专用合同条款	备注
6.4.2		经监理人同意，承包人可根据合同进度计划撤走闲置的施工设备		
7	交通运输			
7.1	道路通行权和场外设施	除专用合同条款另有约定外，发包人应根据合同工程的施工需要，负责办理取得出入施工场地的专用和临时道路的通行权，以及取得为工程建设所需修建场外设施的权利，并承担有关费用。承包人应协助发包人办理上述手续	（修改为） 承包人应根据合同工程的施工需要，以承包人名义或受发包人委托以发包人名义办理相应手续，取得出入施工场地的专用和临时道路的通行权，以及取得为工程建设所需修建场外设施的权利，相关费用已包含在合同价格中。发包人应协助承包人办理上述手续	
7.2	场内施工道路			
7.2.1		除专用合同条款另有约定外，承包人应负责修建、维修、养护和管理施工所需的临时道路和交通设施，包括维修、养护和管理发包人提供的道路和交通设施，并承担相应费用		

续表

序号	通用合同条款	专用合同条款	备注
7.2.2	除专用合同条款另有约定外，承包人修建的临时道路和交通设施应免费提供发包人和监理人使用		
7.3	场外交通		
7.3.1	承包人车辆外出行驶所需的场外公共道路的通行费、养路费和税款等由承包人承担	（修改为） 承包人及其分包人应遵守有关交通法规，严格按照道路和桥梁的限制荷重安全行驶，并服从交通管理部门的检查和监督	
7.3.2	承包人应遵守有关交通法规，严格按照道路和桥梁的限制荷重安全行驶，并服从交通管理部门的检查和监督		
7.3.3		（增加） 承包人应自行取得在场外公共道路（含高速公路、铁路等）上的特殊施工交通许可，并承担有关费用	

续表

序号	通用合同条款		专用合同条款	备注
7.4	超大件和超重件的运输	由承包人负责运输的超大件或超重件，应由承包人负责向交通管理部门办理申请手续，发包人给予协助。运输超大件或超重件所需的道路和桥梁临时加固改造费用和其他有关费用，由承包人承担，但专用合同条款另有约定除外		
7.5	道路和桥梁的损坏责任	因承包人运输造成施工场地内外公共道路和桥梁损坏的，由承包人承担修复损坏的全部费用和可能引起的赔偿	（修改为） 因承包人运输造成施工场地内外公共道路和桥梁损坏的，承包人应保证发包人免受由于运输引起的任何此类道路桥梁损坏的赔偿责任，包括直接向发包人提出的索赔，承包人应尽可能通过谈判处理此类索赔。承包人应承担修复此类损坏的全部费用和可能引起的赔偿。 如果运输或负责运输责任的第三人，对上述道路或桥梁造成任何损坏，在承包人得知该损坏或接到有权人提出的索赔要求后，应立即通知监理人及发包人	
7.6	水路和航空运输	本条上述各款的内容适用于水路运输和航空运输，其中“道路”一词的含义包括河道、航线、船闸、机场、码头、堤防以及水路或航空运输中其他相似结构物；“车辆”一词的含义包括船舶和飞机等		

续表

序号	通用合同条款		专用合同条款	备注
14	试验和检验			
14.1	材料、工程设备和工程的试验和检验			
14.1.3		监理人对承包人的试验和检验结果有疑问的，或为查清承包人试验和检验成果的可靠性要求承包人重新试验和检验的，可按合同约定由监理人与承包人共同进行。重新试验和检验的结果证明该项材料、工程设备或工程的质量不符合合同要求的，由此增加的费用和（或）工期延误由承包人承担；重新试验和检验结果证明该项材料、工程设备和工程符合合同要求，由发包人承担由此增加的费用和（或）工期延误，并支付承包人合理利润	（修改为） 监理人对承包人的试验和检验结果有疑问的，或为查清承包人试验和检验成果的可靠性要求承包人重新试验和检验的，由监理人与承包人共同进行。重新试验和检验的结果证明该项材料、工程设备或工程的质量不符合合同要求的，由此增加的费用和（或）工期延误由承包人承担；重新试验和检验结果证明该项材料、工程设备和工程符合合同要求，发包人应承担由此增加的费用和（或）同意延长工期	

续表

序号	通用合同条款		专用合同条款	备注
14.1.4			（增加） 如果监理人认为检验结果显示承包人提供的材料、工程设备和工程有问题的。 （1）监理人可拒绝这些材料、工程设备和工程，并应立即通知承包人。通知应说明监理人拒收的理由。承包人应立即解决发现的问题，或确保被拒绝的材料、工程设备和工程合格。 （2）如果监理人要求重复检验被拒绝的材料、工程设备和工程，在取得发包人许可后，承包人应重复检验。重新试验和检验的结果证明该项材料、工程设备和工程质量不合格的，由此增加的费用和（或）工期延误由承包人承担；重新试验和检验结果证明该项材料、工程设备和工程质量合格的，发包人应承担由此增加的费用和（或）同意延长工期	
14.1.5			（增加） 如果监理人经发包人许可要求对承包人提供的材料、工程设备和工程的试验和检验，未在合同中约定或未明确指明费用承担人的，检验结果表明，材料、工程设备和工程不合格的，有关的费用应由承包人承担，检验合格的，由发包人承担	
14.2	现场材料试验			

续表

序号	通用合同条款		专用合同条款	备注
14.2.1		承包人根据合同约定或监理人指示进行的现场材料试验，应由承包人提供试验场所、试验人员、试验设备器材以及其他必要的试验条件		
14.2.2		监理人在必要时可以使用承包人的试验场所、试验设备器材以及其他试验条件，进行以工程质量检查为目的的复核性材料试验，承包人应予以协助		
14.3	现场工艺试验	承包人应按合同约定或监理人指示进行现场工艺试验。对大型的现场工艺试验，监理人认为必要时，应由承包人根据监理人提出的工艺试验要求，编制工艺试验措施计划，报送监理人审批		

续表

序号	通用合同条款		专用合同条款	备注
15	变更			
15.1	变更的范围和内容	除专用合同条款另有约定外，在履行合同中发生以下情形之一，应按照本条规定进行变更。 （1）取消合同中任何一项工作，但被取消的工作不能转由发包人或其他人实施。 （2）改变合同中任何一项工作的质量或其他特性。 （3）改变合同工程的基线、标高、位置或尺寸。 （4）改变合同中任何一项工作的施工时间或改变已批准的施工工艺或顺序。 （5）为完成工程需要追加的额外工作	（修改为） 15.1.1 在履行合同中发生以下情形之一，应按照本条规定进行变更。 （1）取消合同中任何一项工作，但被取消的工作不能转由发包人或其他人实施。 （2）改变合同中任何一项工作的质量或其他特性。 （3）改变合同工程的基线、标高、位置或尺寸。 （4）改变合同中任何一项工作的施工时间或改变已批准的施工工艺或顺序。 （5）为完成工程需要追加的额外工作。 15.1.2 变更类型 （1）设计变更：指工程实施过程中因设计或非设计原因引起的对施工图设计文件的改变（包括一般设计变更或重大设计变更）。 设计原因是指设计人的勘察设计深度、设计文件内容等设计质量的原因；非设计原因是指工程建设环境、政策法规和标准规范发生变化，或施工、建设管理等单位要求改变的原因。 （2）现场签证：是指在施工过程中除设计变更外，其他涉及工程量增减、合同内容变更以及合同约定发承包人双方需确认事项的签认证明。 （3）变更的具体分类标准执行国家电网有限公司输变电工程设计变更与现场签证管理办法	

续表

序号	通用合同条款		专用合同条款	备注
15.2	变更权	在履行合同过程中，经发包人同意，监理人可按第15.3款约定的变更程序向承包人作出变更指示，承包人应遵照执行。没有监理人的变更指示，承包人不得擅自变更		
15.3	变更程序			
15.3.1	变更的提出	（1）在合同履行过程中，可能发生第15.1款约定情形的，监理人可向承包人发出变更申请。变更申请应说明变更的具体内容和发包人对变更的时间要求，并附必要的图纸和相关资料。变更申请应要求承包人提交包括拟实施变更工作的计划、措施和竣工时间等内容的实施方案。发包人同意承包人根据变更申请要求提交的变更实施方案的，由监理人按第15.3.3项约定发出变更指示。	（修改为） 在合同履行过程中，针对可能发生变更的，提出人（包括承包人、设计人）应发出变更申请。变更申请应说明变更的具体内容，并附必要的图纸和相关资料。承包人还应针对变更申请做出实施方案（拟实施变更工作的计划、措施、竣工时间等）和变更估价书。发包人同意承包人变更申请及变更估价书后，由监理人按第15.3.3项约定发出变更指示。发包人应按照国家电网有限公司输变电工程设计变更与现场签证管理办法规定的分类和程序审批变更申请（含变更估价）	

续表

序号	通用合同条款		专用合同条款	备注
15.3.1	变更的提出	（2）在合同履行过程中，发生第15.1款约定情形的，监理人应按照第15.3.3项约定向承包人发出变更指示。 （3）承包人收到监理人按合同约定发出的图纸和文件，经检查认为其中存在第15.1款约定情形的，可向监理人提出书面变更建议。变更建议应阐明要求变更的依据，并附必要的图纸和说明。监理人收到承包人书面建议后，应与发包人共同研究，确认存在变更的，应在收到承包人书面建议后的14天内作出变更指示。经研究后不同意作为变更的，应由监理人书面答复承包人。	（修改为） 在合同履行过程中，针对可能发生变更的，提出人（包括承包人、设计人）应发出变更申请。变更申请应说明变更的具体内容，并附必要的图纸和相关资料。承包人还应针对变更申请做出实施方案（拟实施变更工作的计划、措施、竣工时间等）和变更估价书。发包人同意承包人变更申请及变更估价书后，由监理人按第15.3.3项约定发出变更指示。发包人应按照国家电网有限公司输变电工程设计变更与现场签证管理办法规定的分类和程序审批变更申请（含变更估价）	

续表

序号	通用合同条款		专用合同条款	备注
15.3.1	变更的提出	（4）若承包人收到监理人的变更申请后认为难以实施此项变更，应立即通知监理人，说明原因并附详细依据。监理人与承包人和发包人协商后确定撤销、改变或不改变原变更申请	（修改为） 在合同履行过程中，针对可能发生变更的，提出人（包括承包人、设计人）应发出变更申请。变更申请应说明变更的具体内容，并附必要的图纸和相关资料。承包人还应针对变更申请做出实施方案（拟实施变更工作的计划、措施、竣工时间等）和变更估价书。发包人同意承包人变更申请及变更估价书后，由监理人按第15.3.3项约定发出变更指示。发包人应按照国家电网有限公司输变电工程设计变更与现场签证管理办法规定的分类和程序审批变更申请（含变更估价）	
15.3.2	变更估价	（1）除专用合同条款对期限另有约定外，承包人应在收到变更指示或变更申请后的14天内，向监理人提交变更报价书，报价内容应根据第15.4款约定的估价原则，详细开列变更工作的价格组成及其依据，并附必要的施工方法说明和有关图纸。	（修改为） （1）变更估价的审查和确认，执行国家电网有限公司输变电工程设计变更与现场签证管理相关规定。 （2）变更工作影响工期的，承包人应提出调整工期的具体细节。监理人认为有必要时，可要求承包人提交要求提前或延长工期的施工进度计划及相应施工措施等详细资料	

续表

序号	通用合同条款		专用合同条款	备注
15.3.2	变更估价	（2）变更工作影响工期的，承包人应提出调整工期的具体细节。监理人认为有必要时，可要求承包人提交要求提前或延长工期的施工进度计划及相应施工措施等详细资料。 （3）除专用合同条款对期限另有约定外，监理人收到承包人变更报价书后的14天内，根据第15.4款约定的估价原则，按照第3.5款商定或确定变更价格	（修改为） （1）变更估价的审查和确认，执行国家电网有限公司输变电工程设计变更与现场签证管理相关规定。 （2）变更工作影响工期的，承包人应提出调整工期的具体细节。监理人认为有必要时，可要求承包人提交要求提前或延长工期的施工进度计划及相应施工措施等详细资料	
15.3.3	变更指示	（1）变更指示只能由监理人发出。 （2）变更指示应说明变更的目的、范围、变更内容以及变更的工程量及其进度和技术要求，并附有关图纸和文件。承包人收到变更指示后，应按变更指示进行变更工作		

续表

序号	通用合同条款		专用合同条款	备注
15.4	变更的估价原则	除专用合同条款另有约定外，因变更引起的价格调整按照本款约定处理		
15.4.1		已标价工程量清单中有适用于变更工作的子目的，采用该子目的单价		
15.4.2		已标价工程量清单中无适用于变更工作的子目，但有类似子目的，可在合理范围内参照类似子目的单价，由监理人按第3.5款商定或确定变更工作的单价		
15.4.3		已标价工程量清单中无适用或类似子目的单价，可按照成本加利润的原则，由监理人按第3.5款商定或确定变更工作的单价	（修改为） 工程量清单中无适用或类似子目的单价，由双方按以下原则确定变更工作的单价： （1）工程量清单中无适用或类似子目的单价的，由承包人根据变更工程资料、计量规则和计价办法、变更提出时信息价格和承包人报价折扣率提出变更工程项的单价，报发包人确定后调整。承包人报价折扣率=（中标价/投标最高限价）×100%（安全文明施工费、临时设施费、规费、税金属非竞争性费用，不参与折扣下浮）。	

续表

序号	通用合同条款		专用合同条款	备注
15.4.3		已标价工程量清单中无适用或类似子目的单价，可按照成本加利润的原则，由监理人按第3.5款商定或确定变更工作的单价	（2）工程量清单中无适用或类似子目的单价，且信息价缺价的，由承包人根据变更工程资料、计量规则、计价办法和通过市场调查取得合法依据的市场价格，按照本项第（1）条方式提出变更工程项综合单价，报发包人确定后调整。 （3）在合同履行过程中，因分部分项工程量清单漏项或非承包人原因的工程变更，引起措施项目发生变化，造成施工组织设计或施工方案变更，调整原则如下： 1）以综合单价形式计价的措施项目，措施项目综合单价不作调整，工程量按实际工程进行调整。 2）以“项”计价的措施项目，原措施费中已有的措施项目，按原有措施费的组价方法调整；原措施费中没有的措施项目，由承包人根据措施项目变更情况，提出适当的措施费变更，经发包人确认后调整。 （4）因项目特征或工程量发生变更的，按下列原则确定综合单价。 1）因招标工程量清单特征描述不符，且该变化引起该项目工程造价增减变化的。应按实际施工的项目特征和承包人报价折扣率重新确定综合单价。 2）因招标工程量清单缺项，应按上述规定确定单价，并调整合同价款	

续表

序号	通用合同条款	专用合同条款	备注
15.5	承包人的合理化建议		
15.5.1	在履行合同过程中，承包人对发包人提供的图纸、技术要求以及其他方面提出的合理化建议，均应以书面形式提交监理人。合理化建议书的内容应包括建议工作的详细说明、进度计划和效益以及与其他工作的协调等，并附必要的设计文件。监理人应与发包人协商是否采纳建议。建议被采纳并构成变更的，应按第15.3.3项约定向承包人发出变更指示		
15.5.2	承包人提出的合理化建议降低了合同价格、缩短了工期或提高了工程经济效益的，发包人可按国家有关规定在专用合同条款中约定给予奖励		

续表

序号	通用合同条款		专用合同条款	备注
15.6	暂列金额	暂列金额只能按照监理人的指示使用，并对合同价格进行相应调整	（修改为） 15.6.1 暂列金额的使用 暂列金额可按监理人的指示，全部或部分地使用或不使用。承包人只有权得到包括按本项约定由监理人决定的与上述暂列金额有关的工程、供应或不可预见的费用额度。监理人应将据本项作出的任何决定上报发包人，发包人批准后通知承包人。 对于每一项暂列金额，经发包人批准后，监理人应根据发包人的决定发出指令由承包人将暂列金额用于工程施工，提供货物、材料、设备或服务。承包人有权得到根据第 15.4 款关于变更估价的约定决定的相应价值的金额。 15.6.2 凭证等的出示 除了是按投标函及其附录列出单价或价格作价的以外，承包人应向监理人出示有关暂列金额支出的所有报价单、发票、凭证、账单与收据等。 15.6.3 关于暂列金额的其他约定如下：未使用的暂列金额，结算时应从结算价款中扣除	
15.7	计日工			
15.7.1		发包人认为有必要时，由监理人通知承包人以计日工方式实施变更的零星工作。其价款按列入已标价工程量清单中的计日工计价子目及其单价进行计算		

续表

序号	通用合同条款	专用合同条款	备注
15.7.2	采用计日工计价的任何一项变更工作，应从暂列金额中支付，承包人应在该项变更的实施过程中，每天提交以下报表和有关凭证报送监理人审批： （1）工作名称、内容和数量。 （2）投入该工作所有人员的姓名、工种、级别和耗用工时。 （3）投入该工作的材料类别和数量。 （4）投入该工作的施工设备型号、台数和耗用台时。 （5）监理人要求提交的其他资料和凭证		
15.7.3	计日工由承包人汇总后，按第17.3.2项的约定列入进度付款申请单，由监理人复核并经发包人同意后列入进度付款		

续表

序号	通用合同条款	专用合同条款	备注
15.8	暂估价		
15.8.1	发包人在工程量清单中给定暂估价的材料、工程设备和专业工程属于依法必须招标的范围并达到规定的规模标准的，由发包人和承包人以招标的方式选择供应商或分包人。发包人和承包人的权利义务关系在专用合同条款中约定。中标金额与工程量清单中所列的暂估价的金额差以及相应的税金等其他费用列入合同价格	（修改为） 发包人在工程量清单中给定暂估价的材料、工程设备属于依法必须招标的范围并达到规定的规模标准的，由发包人和承包人以招标的方式选择供应商。发包人和承包人的权利义务关系按以下约定执行： 具体见工程量清单。暂估价中的材料、设备价格必须经监理人审核，报业主项目部确认，材料、设备差额以价差的形式计列	
15.8.2	发包人在工程量清单中给定暂估价的材料和工程设备不属于依法必须招标的范围或未达到规定的规模标准的，应由承包人按第5.1款的约定提供。经监理人确认的材料、工程设备的价格与工程量清单中所列的暂估价的金额差以及相应的税金等其他费用列入合同价格		

续表

序号	通用合同条款		专用合同条款	备注
15.8.3		发包人在工程量清单中给定暂估价的专业工程不属于依法必须招标的范围或未达到规定的规模标准的，由监理人按照第 15.4 款进行估价，但专用合同条款另有约定的除外。经估价的专业工程与工程量清单中所列的暂估价的金额差以及相应的税金等其他费用列入合同价格	（修改为） 发包人在工程量清单中给定暂估价的专业工程不属于依法必须招标的范围或未达到规定的规模标准的，工程量经承包人、监理人、设计人、业主项目部四方确认后，由监理人按照第 15.4 款进行估价。经估价的专业工程与工程量清单中所列的暂估价的金额差以及相应的税金等其他费用列入合同价格	
15.9	变更记录		（增加）:	
15.9.1			对于受指示进行的每一次变更，承包人应对变更的直接成本及施工时间进行记录，并在确定其合同价格调整前保持此记录。此记录应及时报监理人核实。 （1）承包人应严格按照合同规定的时限和要求及时办理变更手续，否则发包人在结算时有权不予认可。超过时限规定补办的工作联系单其他记录，不能作为工程结算要求变更费用的依据。 （2）对于涉及费用调整的变更，变更审批记录上必须要有承包人、监理人、设计人中具有专业资格证书（注册造价工程师或电力工程造价专业资格证书）技经人员的签署意见	

续表

序号	通用合同条款		专用合同条款	备注
15.9.2			监理人应依据合同工程结算条款中明确的原则、内容、分工，对变更的实施过程进行记录确认。监理人违背本款约定的记录、检查、确认文件，不能作为工程结算时要求变更费用的依据	
16	价格调整			
16.1	物价波动引起的价格调整	除专用合同条款另有约定外，因物价波动引起的价格调整按照本款约定处理	价格波动引起的价格调整：因价格波动引起的价格调整，经发包人与承包人协商同意，按照如下约定处理	
16.1.1	采用价格指数调整价格差额		人工单价发生变化时，以投标时电力工程造价与定额管理总站发布的工程所在地人工调整系数为基准，按工程施工期电力工程造价与定额管理总站发布的人工单价调整系数进行补差	
16.1.2	采用造价信息调整价格差额	施工期内，因人工、材料、设备和机械台班价格波动影响合同价格时，人工、机械使用费按照国家或省、自治区、直辖市建设行政管理部门、行业建设管理部门或其授权的工程造价管理机构发布的人工成本信息、机械台班单价或机械使用费系数进行调整；需要进行价格调整的材料，其单价和采购数应由监理人复核，监理人确认需调整的材料单价及数量，作为调整工程合同价格差额的依据	承包人采购的材料可调整范围为：变电站建筑工程，变电站安装工程中未计价装置性材料、线路工程包括砂、水泥、碎石、商品混凝土、毛石、砖、钢材，以工程所在地投标截止日前一个月的信息价为基准价，施工期（工程开工至建筑工程转序验收或线路工程基础完工验收时间为准）前80%工期内平均信息价变动超过基准价 ±5%（不含 ±5%）时，变动超过 ±5%部分给予调整	

续表

序号	通用合同条款		专用合同条款	备注
16.1.3			机械、安装工程定额材料价格发生变化时，以投标时电力工程造价与定额管理总站发布的工程所在地价格调整系数为基准，按工程施工期电力工程造价与定额管理总站发布的价格调整系数进行补差	
16.1.4			人工、材料、机械价格调整费用不作为其他费用的计取基数，只计取税金	
16.2	法律变化引起的价格调整	在基准日后，因法律变化导致承包人在合同履行中所需要的工程费用发生除第16.1款约定以外的增减时，监理人应根据法律、国家或省、自治区、直辖市有关部门的规定，按第3.5款商定或确定需调整的合同价款	政策变化引起的价格调整：在基准日后，因法律、政策变化导致承包人在合同履行中所需要的工程费用发生除第16.1款约定以外的增减时，应按照合同约定进行计量和估价，经发包人审定后调整合同价格	
16.3	价格调整的其他约定		16.3.1 措施费、规费的调整 因分部分项工程量清单项目工程量变化引起的工程价格调整，措施费、规费应同时调整，原报价费率不调整。 16.3.2 其他项目清单费用调整 （1）拆除工程费、余物清理费、围堰、临锚、跨越措施等可计量且其他项目清单中已包括的项目，按照实际发生数量及已标价工程量清单中的单价调整。	

续表

序号	通用合同条款		专用合同条款	备注
16.3	价格调整的其他约定		（2）甲供材料及设备的卸车费、保管费，施工企业配合调试费，施工租地费用等总价承包部分为固定包干价，结算时不予任何调整。 16.3.3 合同允许的其他调整费用 （1）发包人另行委托承包人采购的材料、试验项目和代办手续以及原合同未包括的其他项目或费用性支出，经发包人确认后据实调整。 （2）在工程建设期间，由于国家重大能源政策调整，导致项目停工或取消，从而造成承包人的损失，经发包人审核后，可进行补偿。 （3）由于发包人更改经审定批准的施工组织设计（修正错误除外），造成承包人施工费用的增加，经发包人审核后，可予以调整。 （4）对于非承包人原因造成的工程停工、窝工、二次进场情况，以及因发包人要求而提出的赶工情况，依据签证，经发包人审核后，可进行补偿。 （5）承包人负责的树木砍伐按暂估价进行投标报价，结算时按实际发生费用据实调整，调整依据需有设计、监理、承包人、发包人四方签名的有效签证以及赔偿凭据（500、750kV适用）。 （6）如出现因工程工期发生重大变化、工程途经地区发生重大经济政策变化、工程实施期间工程所在地政府出台超出常规的赔偿标准得到发包人认可的极端情况，青苗赔偿费用可按照实际赔偿情况，经设计、监理、承包人、业主项目部审核后，并签署四方签名的有效签证以及赔偿凭据报发包人审核后，以审核金额纳入结算。 （7）工程量清单对应的综合单价与实际完成此清单工作内容的费用存在显著价格差异时，调整原则执行现行的国家电网有限公司输变电工程工程量清单计价规范及下列约定：	

续表

序号	通用合同条款		专用合同条款	备注
16.3	价格调整的其他约定		1）合同价格形式为总价合同的，工程量的调整范围及超过约定范围的单价确定方式：/。 2）合同价格形式为单价合同的，工程量偏差超过 ±15% 时，综合单价的调整方式：①较招标工程量变化超过 -15% 以上时，相应的综合单价乘以 1.05；②较招标工程量变化超过 15% 以上时，超出部分相应的综合单价乘以 0.95。 3）其他：综合单价超出正常价格水平 100% 及以上时，应调整相应的综合单价。调整原则：依据招标时有效的计价及取费标准，投标折扣率，材料价格采用工程所在地投标截止日前一个月的信息价，涉及甲供材的以招标文件计列价格为准。 16.3.4 施工总承包服务费不做调整。 16.3.5 发包人、承包人按照双方的违约责任所应支付的违约金 以及发包人按约定应支付承包人的奖金及补偿，在结算时经发包人审核后，以审核金额纳入结算。违约金及奖励金不纳入合同调整范围	
17	计量与支付			
17.1	计量			
17.1.1	计量单位	计量采用国家法定的计量单位		
17.1.2	计量方法	工程量清单中的工程量计算规则应按有关国家标准、行业标准的规定，并在合同中约定执行	工程量清单中的工程量计算规则应按有关国家标准、行业标准的规定，以净值为准	

续表

序号	通用合同条款		专用合同条款	备注
17.1.3	计量周期	除专用合同条款另有约定外，单价子目已完成工程量按月计量，总价子目的计量周期按批准的支付分解报告确定	按月计量	
17.1.4	单价子目的计量	（1）已标价工程量清单中的单价子目工程量为估算工程量。结算工程量是承包人实际完成的，并按合同约定的计量方法进行计量的工程量。 （2）承包人对已完成的工程进行计量，向监理人提交进度付款申请单、已完成工程量报表和有关计量资料。 （3）监理人对承包人提交的工程量报表进行复核，以确定实际完成的工程量。对数量有异议的，可要求承包人按第8.2款约定进行共同复核和抽样复测。承包人应协助监理人进行复核并按监理人要求提供补充计量资料。承包人未按监理人要求参加复核，监理人复核或修正的工程量视为承包人实际完成的工程量。		

续表

序号	通用合同条款		专用合同条款	备注
17.1.4	单价子目的计量	（4）监理人认为有必要时，可通知承包人共同进行联合测量、计量，承包人应遵照执行。 （5）承包人完成工程量清单中每个子目的工程量后，监理人应要求承包人派员共同对每个子目的历次计量报表进行汇总，以核实最终结算工程量。监理人可要求承包人提供补充计量资料，以确定最后一次进度付款的准确工程量。承包人未按监理人要求派员参加的，监理人最终核实的工程量视为承包人完成该子目的准确工程量。 （6）监理人应在收到承包人提交的工程量报表后的7天内进行复核，监理人未在约定时间内复核的，承包人提交的工程量报表中的工程量视为承包人实际完成的工程量，据此计算工程价款		

续表

序号	通用合同条款		专用合同条款	备注
17.1.5	总价子目的计量	除专用合同条款另有约定外，总价子目的分解和计量按照下述约定进行。 （1）总价子目的计量和支付应以总价为基础，不因第16.1款中的因素而进行调整。承包人实际完成的工程量，是进行工程目标管理和控制进度支付的依据。 （2）承包人在合同约定的每个计量周期内，对已完成的工程进行计量，并向监理人提交进度付款申请单、专用合同条款约定的合同总价支付分解表所表示的阶段性或分项计量的支持性资料，以及所达到工程形象目标或分阶段需完成的工程量和有关计量资料。	（1）（修改为） 总价子目的计量和支付应以总价为基础，不因第16款中的因素而进行调整。承包人实际完成的工程量，是进行工程目标管理和控制进度支付的依据	

续表

序号	通用合同条款		专用合同条款	备注
17.1.5	总价子目的计量	（3）监理人对承包人提交的上述资料进行复核，以确定分阶段实际完成的工程量和工程形象目标。对其有异议的，可要求承包人按第8.2款约定进行共同复核和抽样复测。 （4）除按照第15条约定的变更外，总价子目的工程量是承包人用于结算的最终工程量		
17.5	竣工结算			
17.5.1	竣工付款申请单		（1）（修改为） 工程接收证书颁发后，承包人应按照下列期限向监理人提交3份竣工付款申请单和竣工结算资料（包括结算书和相关证明材料）。 220kV及以上输变电工程应于单位工程竣工验收后3日内编制完成并提交。 110（66）kV及以下输变电工程应于单位工程竣工验收后2日内编制完成并提交。 竣工付款申请单应包括下列内容：竣工结算合同总价、发包人已支付承包人的工程价款、变更事项的价款、应扣留的质量保证金、应抵扣支付的违约金、双方确认的索赔和应支付的竣工付款金额。 相关证明材料要求：施工合同（招、投标文件）、双方确认的工程量、双方确认追加（减）的工程价款及相应变更手续、由发包人提供的材料/设备等剩余实物清单、工程竣工图纸、阶段结算资料及其他资料等。竣工结算资料应包含承包人申请结算的全部费用及相关依据	

续表

序号	通用合同条款		专用合同条款	备注
17.5.2	竣工付款证书及支付时间		（修改为） （1）监理人在收到承包人提交的220kV及以上输变电工程竣工付款申请单后的12天内完成核查；监理人在收到承包人提交的110（66）kV及以下输变电工程竣工付款申请单后的8天内完成核查；提出发包人到期应支付给承包人的价款建议送发包人审核。发包人应在收到监理人审核意见及承包人提交的竣工付款申请单后14天内审核完毕。 （2）监理人依据发包人的批准，向承包人出具经发包人签认的竣工付款证书。 （3）发包人应在监理人出具竣工付款证书后的14天内，将应付款支付给承包人。发包人不按期支付的，按第22.2.3（1）目的约定，将逾期付款违约金支付给承包人。 （4）承包人对发包人签认的竣工付款证书有异议的，对于有异议部分应在收到发包人签认的竣工付款证书后7天内提出异议，并由合同当事人复核，或按照第24条约定处理。对于无异议部分，发包人应签发临时竣工付款证书，并按本项（3）目完成付款。承包人逾期未提出异议的，视为认可发包人的审核结果。 （5）承包人未在规定时间内提交结算资料和结算资料不齐全的项目不计入工程竣工结算，且经发包人书面催促后3天内仍未提供或没有明确答复的，发包人有权根据已有资料进行审查，有关责任由承包人承担	

续表

序号	通用合同条款		专用合同条款	备注
17.5.3			其他项目费在办理竣工结算时的规定： （1）措施项目费：办理竣工结算时，措施项目费应依据合同约定的措施项目和金额（费率）或发承包双方确认调整后的措施项目费金额计算。措施项目费中的安全文明施工费应按照国家或省级、行业建设主管部门规定的费率计算，计算基数随建筑安装工程施工费的调整据实计列。施工过程中国家或省级、行业建设主管部门对安全文明施工费进行调整的，措施项目费中安全文明施工费应作相应调整。 （2）暂列金额：合同价款中的暂列金额在用于各项价款调整、索赔与现场签证后，若有余额，则余额归发包人，若出现差额，则由发包人补足并反映在相应的工程价款中。 （3）暂估价：当暂估价中的专业工程是招标采购的，其金额按中标价计算。当暂估价中的专业工程为非招标采购的，其金额按发承包双方与分包人最终确认的金额计算。 （4）索赔费用：依据发承包双方确认的索赔项目和金额计算。 （5）拆除工程费：拆除工程费用应依据发承包双方确认的工程量、合同约定的综合单价计算；如发生调整的，以发承包双方确认调整的综合单价计算	

续表

序号	通用合同条款		专用合同条款	备注
17.5.4	分部结算		按国家电网有限公司分部结算文件要求需要开展分部结算的工程，应遵守以下约定： （1）承包人按下列约定的时间、要求上报分部结算资料： 1）报送时间：在接到分部结算通知后10日内提交。 2）报送要求：承包人应按照分部结算计划完成分部结算资料的编制并提交业主项目部审核。分部结算资料包括分部工程量计算书、工程费用明细、新组单价依据性资料、设计变更、现场签证及其他支撑性资料。 （2）分部结算审定的工程量和结算金额原则上不予调整，竣工结算应在分部结算相关成果汇总的基础上开展。 （3）承包人如未能在本合同约定的时间内提供完整的工程分部结算资料，经发包人书面催促后3天内仍未提供或没有明确答复，发包人有权根据已有资料进行审查，有关责任由承包人承担	
17.6	最终结算		（修改为） 17.6.1 最终结清申请单 承包人应在缺陷责任期终止证书签发后14个工作日内向监理人提交8份最终结清申请单，并提供相关证明材料。 17.6.2 最终结清证书和支付时间 （1）修改为 监理人收到承包人提交的最终结清申请单后的14天内，提出发包人应支付给承包人的价款建议，送发包人审核并抄送承包人。发包人应在收到后14天内审核完毕，由监理人向承包人出具经发包人签认的最终结清证书。 17.6.3 发包人责任的终止 （增加） 除非承包人在其最终结清申请单中包括了索赔要求，发包人将不再承担任何有关执行合同、施工工程或与执行合同有关的任何责任	

续表

序号	通用合同条款		专用合同条款	备注
17.7	承包人应开具增值税专用发票		（增加） 承包人须在工程付款（进度付款、分部结算付款、竣工付款以及最终结算付款）申请审批完成后，应出具增值税专用发票给发包人，发包人在收到发票以及付款申请后14日内支付款项。逾期未开具发票的，本支付周期不予付款	
17.8	人工费用		（增加） 17.8.1 为全面保障农民工工资按时足额支付，人工费用按以下第_种方式计算： （1）通过预算定额，依据现场实际已完工程量进行计算。 （2）通过工程量清单计价，依据现场实际已完工程量进行计算。 （3）其他：____________________。 17.8.2 人工费用拨付周期不得超过1个月，具体为： □按月拨付 □按周拨付 □其他：____________________。 承包人应在人工费用到达专用账户后10日内支付给农民工	
18	竣工验收			
18.6	试运行			

续表

序号	通用合同条款		专用合同条款	备注
18.6.1		除专用合同条款另有约定外，承包人应按专用合同条款约定进行工程及工程设备试运行，负责提供试运行所需的人员、器材和必要的条件，并承担全部试运行费用	（修改为） 承包人应按照国家电网有限公司输变电工程验收管理办法的规定，遵照工程启动验收委员会指令进行工程及工程设备试运行，按照本合同责任范围，负责提供试运行所需的人员、器材和必要的条件。试运行以工程启动验收委员会宣布联合试运转（工程整套启动系统调试）完成开始，试运行期限	
18.6.2		由于承包人的原因导致试运行失败的，承包人应采取措施保证试运行合格，并承担相应费用。由于发包人的原因导致试运行失败的，承包人应当采取措施保证试运行合格，发包人应承担由此产生的费用，并支付承包人合理利润	（修改为） 由于承包人的原因导致试运行失败的，承包人应采取措施保证试运行合格，并承担相应费用。由于发包人的原因导致试运行失败的，承包人应当采取措施保证试运行合格，发包人应承担由此产生的费用	
18.7	竣工清场			

续表

序号	通用合同条款	专用合同条款	备注
18.7.1	除合同另有约定外，工程接收证书颁发后，承包人应按以下要求对施工场地进行清理，直至监理人检验合格为止。竣工清场费用由承包人承担。 （1）施工场地内残留的垃圾已全部清除出场。 （2）临时工程已拆除，场地已按合同要求进行清理、平整或复原。 （3）按合同约定应撤离的承包人设备和剩余的材料，包括废弃的施工设备和材料，已按计划撤离施工场地。 （4）工程建筑物周边及其附近道路、河道的施工堆积物，已按监理人指示全部清理。 （5）监理人指示的其他场地清理工作已全部完成	竣工清场的其他约定：____________________	

续表

序号	通用合同条款		专用合同条款	备注
18.7.2		承包人未按监理人的要求恢复临时占地，或者场地清理未达到合同约定的，发包人有权委托其他人恢复或清理，所发生的金额从拟支付给承包人的款项中扣除		
21	不可抗力			
21.1	不可抗力的确认			
21.1.1		不可抗力是指承包人和发包人在订立合同时不可预见，在工程施工过程中不可避免发生并不能克服的自然灾害和社会性突发事件，如地震、海啸、瘟疫、水灾、骚乱、暴动、战争和专用合同条款约定的其他情形		

续表

序号	通用合同条款		专用合同条款	备注
21.1.2		不可抗力发生后，发包人和承包人应及时认真统计所造成的损失，收集不可抗力造成损失的证据。合同双方对是否属于不可抗力或其损失的意见不一致的，由监理人按第3.5款商定或确定。发生争议时，按第24条的约定办理		
21.2	不可抗力的通知			
21.2.1		合同一方当事人遇到不可抗力事件，使其履行合同义务受到阻碍时，应立即通知合同另一方当事人和监理人，书面说明不可抗力和受阻碍的详细情况，并提供必要的证明		

续表

序号	通用合同条款		专用合同条款	备注
21.2.2		如不可抗力持续发生，合同一方当事人应及时向合同另一方当事人和监理人提交中间报告，说明不可抗力和履行合同受阻的情况，并于不可抗力事件结束后28天内提交最终报告及有关资料		
21.3	不可抗力后果及其处理			
21.3.1	不可抗力造成损害的责任	除专用合同条款另有约定外，不可抗力导致的人员伤亡、财产损失、费用增加和（或）工期延误等后果，由合同双方按以下原则承担： （1）永久工程，包括已运至施工场地的材料和工程设备的损害，以及因工程损害造成的第三者人员伤亡和财产损失由发包人承担。		

续表

序号	通用合同条款		专用合同条款	备注
21.3.1	不可抗力造成损害的责任	（2）承包人设备的损坏由承包人承担。 （3）发包人和承包人各自承担其人员伤亡和其他财产损失及其相关费用。 （4）承包人的停工损失由承包人承担，但停工期间应监理人要求照管工程和清理、修复工程的金额由发包人承担。 （5）不能按期竣工的，应合理延长工期，承包人不需支付逾期竣工违约金。发包人要求赶工的，承包人应采取赶工措施，赶工费用由发包人承担		
21.3.2	延迟履行期间发生的不可抗力	合同一方当事人延迟履行，在延迟履行期间发生不可抗力的，不免除其责任		

续表

序号	通用合同条款		专用合同条款	备注
21.3.3	避免和减少不可抗力损失	不可抗力发生后，发包人和承包人均应采取措施尽量避免和减少损失的扩大，任何一方没有采取有效措施导致损失扩大的，应对扩大的损失承担责任	（修改为） 不可抗力发生后，发包人和承包人均应采取措施尽量避免和减少损失的扩大，任何一方没有采取有效措施导致损失扩大的，应对扩大的损失承担责任。不可抗力可能影响任何一方履行合同义务，任何一方应尽力继续履行其合同中的义务。承包人还应将其建议通知监理人，包括任何合理的履约替代方法。但未经监理人同意，承包人不得实施此类建议	
21.3.4	因不可抗力解除合同	应当及时通知对方解除合同。合同解除后，承包人应按照第22.2.5项约定撤离施工场地。已经订货的材料、设备由订货方负责退货或解除订货合同，不能退还的货款和因退货、解除订货合同发生的费用，由发包人承担，因未及时退货造成的损失由责任方承担。合同解除后的付款，参照第22.2.4项约定，由监理人按第3.5款商定或确定		
22	违约			
22.1	承包人违约			

续表

序号	通用合同条款		专用合同条款	备注
22.1.1	承包人违约的情形	在履行合同过程中发生的下列情况属承包人违约： （1）承包人违反第1.8款或第4.3款的约定，私自将合同的全部或部分权利转让给其他人，或私自将合同的全部或部分义务转移给其他人。 （2）承包人违反第5.3款或第6.4款的约定，未经监理人批准，私自将已按合同约定进入施工场地的施工设备、临时设施或材料撤离施工场地。 （3）承包人违反第5.4款的约定使用了不合格材料或工程设备，工程质量达不到标准要求，又拒绝清除不合格工程。 （4）承包人未能按合同进度计划及时完成合同约定的工作，已造成或预期造成工期延误。	（修改为） 在履行合同过程中发生的下列情况属承包人违约： 22.1.1.1 承包人违反第1.8款或第4.3款的约定，私自将合同的全部或部分权利转让给其他人，或私自将合同的全部或部分义务转移给其他人。 22.1.1.2 承包人违反第5.3款或第6.4款的约定，未经监理人批准，私自将已按合同约定进入施工场地的施工设备、临时设施或材料撤离施工场地。 22.1.1.3 承包人违反第5.4款的约定使用了不合格材料或工程设备，工程质量达不到标准要求，又拒绝清除不合格工程。 22.1.1.4 承包人未能按合同进度计划及时完成合同约定的工作，已造成或预期造成工期延误。 22.1.1.5 承包人在缺陷责任期内，未能对工程接收证书所列的缺陷清单的内容或缺陷责任期内发生的缺陷进行修复，而又拒绝按监理人指示再进行修补。 22.1.1.6 承包人无法继续履行或明确表示不履行或实质上已停止履行合同。 22.1.1.7 承包人经有关部门认定违反第1.9款情形之一的。 22.1.1.8 承包人存在违反保障农民工权益的情形。 22.1.1.9 承包人存在履行安全责任义务的违约情形。 22.1.1.10 承包人存在履行质量责任义务的其他违约情形。 22.1.1.11 承包人存在履行技术资料及归档责任义务的违约情形。 22.1.1.12 承包人存在履行信息化应用责任义务的违约情形。	

续表

序号	通用合同条款		专用合同条款	备注
22.1.1	承包人违约的情形	（5）承包人在缺陷责任期内，未能对工程接收证书所列的缺陷清单的内容或缺陷责任期内发生的缺陷进行修复，而又拒绝按监理人指示再进行修补。 （6）承包人无法继续履行或明确表示不履行或实质上已停止履行合同。 （7）承包人不按合同约定履行义务的其他情况	22.1.1.13 承包人存在违反项目关键人员管理相关约定的。 22.1.1.14 承包人原因未实现工程创优目标的。 22.1.1.15 承包人存在履行环境保护责任义务的违约情形。 22.1.1.16 承包人不按合同约定履行义务的其他情况	
22.1.2	对承包人违约的处理	（1）承包人发生第22.1.1（6）目约定的违约情况时，发包人可通知承包人立即解除合同，并按有关法律处理。 （2）承包人发生除第22.1.1（6）目约定以外的其他违约情况时，监理人可向承包人发出整改通知，要求其在指定的期限内改正。承包人应承担其违约所引起的费用增加和（或）工期延误。	（修改为） 22.1.2.1 承包人发生第22.1.1.1目约定的违约情况时（转包、违法分包），承包人应向发包人支付签约合同价10%的违约金，且发包人有权解除本合同。 22.1.2.2 承包人发生第22.1.1.4目约定的违约情况时（工期延误），每延误一日，承包人应向发包人支付签约合同价2‰的违约金；延误超过60日的，发包人有权解除合同，承包人应向发包人支付签约合同价10%的违约金。 22.1.2.3 承包人发生第22.1.1.6目约定的违约情况时（无法履行合同），发包人可通知承包人立即解除合同，且承包人应向发包人支付签约合同价20%的违约金。	

续表

序号	通用合同条款		专用合同条款	备注
22.1.2	对承包人违约的处理	（3）经检查证明承包人已采取了有效措施纠正违约行为，具备复工条件的，可由监理人签发复工通知复工	22.1.2.4 承包人发生第22.1.1.7目约定的违约情形时（存在贿赂），发包人可通知承包人立即解除合同，且承包人应向发包人支付签约合同价20%的违约金。 22.1.2.5 承包人发生第22.1.1.2、第22.1.1.3、第22.1.1.5目约定的违约情况时（私自撤离材料设备、使用不合格材料设备、不能或拒绝修补），监理人可向承包人发出整改通知，要求其在指定的期限内改正。承包人应承担其违约所引起的费用增加和（或）工期延误，并向发包人支付签约合同价10%的违约金。经检查证明承包人已采取了有效措施纠正违约行为，具备复工条件的，可由监理人签发复工通知复工。 22.1.2.6 承包人违反第22.1.1.8目约定的违约情况时（保障农民工权益），按以下约定： （1）承包人或其分包人未按照国家有关规定、国家电网有限公司规章制度或者本合同约定及时足额支付农民工工资的，承包人应向发包人支付签约合同价1%的违约金，并应承担相应法律责任。 （2）承包人未按照国家有关规定、国家电网有限公司规章制度或者本合同约定存储工资保证金的，承包人应向发包人支付签约合同价1%的违约金，并应承担相应法律责任。 （3）承包人未按照国家有关规定、国家电网有限公司规章制度或者本合同约定建立用工管理台账、工资支付台账并保存的，承包人应向发包人支付签约合同价1%的违约金，并应承担相应法律责任。 22.1.2.7 承包人违反第22.1.1.9目约定的违约情况时（安全责任义务），见安全协议书。	

续表

序号	通用合同条款		专用合同条款	备注
22.1.2	对承包人违约的处理		22.1.2.8 承包人违反第22.1.1.10目约定的违约情况时（质量责任义务），按以下约定处理： （1）发生二级及以上质量事件的，承包人应向发包人支付签约合同价1%的违约金。 （2）发生三级质量事件的，承包人每次应向发包人支付签约合同价0.5%的违约金。 （3）发生四级质量事件的，承包人每次应向发包人支付签约合同价0.2%的违约金。 （4）发包人组织质量检查时，未能达到标准要求且未在规定期限完成整改消缺的，承包人每次应向发包人支付签约合同价0.1%的违约金。 22.1.2.9 承包人违反第22.1.1.11目约定的违约情况时（技术资料及归档管理），按以下约定：按竣工档案质量鉴证单进行评价，总分100分，每扣1分，承包人应向发包人支付签约合同价0.005%的违约金，累计不超过签约合同价的1%。评价标准如下： （1）项目开工阶段。承包人须在签订合同28天内，向监理人和发包人提交技术资料及归档组织体系、管理办法、工作计划（与工程里程碑计划同步，分阶段归档）。分值为10分。 （2）项目中间检查。归档计划执行及质量情况，分值为20分。 （3）竣工资料移交。按照归档率、准确率、案卷合格率进行评价，分值为70分。 22.1.2.10 承包人违反第22.1.1.12目约定的违约情况时（信息化应用责任义务），按以下约定：承包人应用基建管理系统和“e安全”系统开展工程管理，有关信息录入、上报不能准确、及时、完整的，应按照以下约定向发包人支付违约金：	

续表

序号	通用合同条款		专用合同条款	备注
22.1.2	对承包人违约的处理		（1）漏报、错报每条/次500元。 （2）每延误1天500元。 （3）因承包人原因，导致发包人受到省级电力公司处罚的，每条/次10000元；受到国家电网有限公司总部处罚的，每条/次30000元。 22.1.2.11 承包人违反第22.1.1.13目约定的违约情况时（项目关键人员管理），按以下约定处理： （1）因承包人未按《国家电网公司关于“深化基建队伍改革、强化施工安全管理”有关配套政策的通知》要求配置组塔、架线、土建、电气、调试作业班组骨干人员，或未按合同约定擅自变更作业班组骨干人员，或劳务分包未采用核心劳务分包队伍，发包人、工程监理人员有权暂停施工作业，直至承包人按要求完成整改，承包人应承担其违约所引起的费用增加和（或）工期延误，并向发包人支付签约合同价5%的违约金。 （2）承包人项目经理在本合同执行期间同时兼任其他工程项目经理的，承包人应予限期改正，并向发包人支付签约合同价2%的违约金。 （3）承包人项目经理未履行请假手续或未经发包人同意擅离施工现场的，承包人每次应向发包人支付人民币3000元违约金。 （4）根据第4.7款规定，被撤换的项目经理和其他人员，未经监理人批准仍在原岗位工作的；或更换项目经理时，承包人7天内不能提出新的人选以及两次提出的人选都不能满足合同要求的，发包人有权通知承包人解除合同，并向发包人支付签约合同价5%的违约金。 22.1.2.12 承包人违反第22.1.1.14目约定的违约情况时（工程创优目标），承包人应向发包人支付签约合同价5%的违约金。	

续表

序号	通用合同条款		专用合同条款	备注
22.1.2	对承包人违约的处理		22.1.2.13 承包人违反第22.1.1.15目约定的违约情况时（环境保护），按以下约定处理： （1）因承包人原因受到环境保护主管部门处罚的（不包括造成严重生态破坏和重大污染事件）的，监理人可向承包人发出整改通知，要求其在指定的期限内改正。承包人应承担其违约所引起的费用增加和（或）工期延误，并根据性质每次向发包人支付人民币3000元违约金。 （2）未按照已经审批的环保设计及相关文件施工，经发包人或监理人发现而未及时整改的，承包人应向发包人支付签约合同价5%的违约金。 （3）不及时报告重大环保事项，造成严重生态破坏和重大污染事件的，承包人应承担其违约所引起的费用增加和（或）工期延误，并向发包人支付签约合同价10%的违约金，且发包人有权解除合同。 22.1.2.14 承包人其他违约情况，按以下约定处理： （1）承包人违反第1.11款约定义务的（知识产权），发包人有权解除合同，承包人应向发包人支付签约合同价5%的违约金。承包人未经发包人同意转让或许可第三方使用发包人所有的技术成果和知识产权，所获收益归发包人所有。 （2）承包人违反第1.12款约定义务的（图纸和文件的保密），应向发包人支付签约合同价5%的违约金，并应承担一切法律责任。 （3）承包人违反第17.4.1项约定（质量保证金），逾期不提交质量保证金担保或者提交的质量保证金担保不符合要求的，应向发包人支付质量保证金金额1%的违约金，并应承担由此给发包人造成的全部损失。	

续表

序号	通用合同条款		专用合同条款	备注
22.1.2	对承包人违约的处理		（4）承包人违反第17.5.1项约定（竣工结算资料提交），承包人如未能在规定时间内报送完整的工程结算资料，每推迟一天承包人应向发包人支付人民币3000元违约金，但支付的违约金总额不超过签约合同价的1%；若按规定工程需开展分部结算时，承包人如未能在规定时间内报送完整的工程分部结算资料，每推迟一天承包人应向发包人支付人民币3000元违约金，但支付的违约金总额不超过签约合同价的1%。 （5）因承包人原因引发供电服务投诉事件（供电服务投诉），经查属实的，承包人每次向发包人支付人民币3000元违约金；同一施工标段年度累计发生5次的，按国家电网有限公司供应商不良行为有关规定处理。 （6）因承包人违反第9.3.3项约定（治安事件），每发生一起群体性突发治安事件，承包人应向发包人支付人民币5000元违约金，并承担由此导致的全部费用和损失。 （7）在施工过程中，承包人未履行第4.1.10.3目约定的义务（发现错误并通知），承包人应承担损失费用的25%。 （8）因承包人违约导致合同解除的，合同结算金额以发包人确认的实际工程量结算金额为准，且承包人应向发包人支付签约合同价20%的违约金。 （9）承包人违约除应承担相应违约责任外，发包人向承包人主张权利所产生的费用也由承包方承担。 （10）承包人应支付和承担的所有违约金及赔偿金，发包人可以直接从应付给承包人的任何款项中扣除	

续表

序号	通用合同条款		专用合同条款	备注
22.1.3	承包人违约解除合同	监理人发出整改通知28天后，承包人仍不纠正违约行为的，发包人可向承包人发出解除合同通知。合同解除后，发包人可派员进驻施工场地，另行组织人员或委托其他承包人施工。发包人因继续完成该工程的需要，有权扣留使用承包人在现场的材料、设备和临时设施。但发包人的这一行动不免除承包人应承担的违约责任，也不影响发包人根据合同约定享有的索赔权利		
22.1.4	合同解除后的估价、付款和结清	（1）合同解除后，监理人按第3.5款商定或确定承包人实际完成工作的价值，以及承包人已提供的材料、施工设备、工程设备和临时工程等的价值。		

续表

序号	通用合同条款		专用合同条款	备注
22.1.4	合同解除后的估价、付款和结清	（2）合同解除后，发包人应暂停对承包人的一切付款，查清各项付款和已扣款金额，包括承包人应支付的违约金。 （3）合同解除后，发包人应按第23.4款的约定向承包人索赔由于解除合同给发包人造成的损失。 （4）合同双方确认上述往来款项后，出具最终结清付款证书，结清全部合同款项。 （5）发包人和承包人未能就解除合同后的结清达成一致而形成争议的，按第24条的约定办理		
22.1.5	协议利益的转让	因承包人违约解除合同的，发包人有权要求承包人将其为实施合同而签订的材料和设备的订货协议或任何服务协议利益转让给发包人，并在解除合同后的14天内，依法办理转让手续		

续表

序号	通用合同条款		专用合同条款	备注
22.1.6	紧急情况下无能力或不愿进行抢救	在工程实施期间或缺陷责任期内发生危及工程安全的事件，监理人通知承包人进行抢救，承包人声明无能力或不愿立即执行的，发包人有权雇佣其他人员进行抢救。此类抢救按合同约定属于承包人义务的，由此发生的金额和（或）工期延误由承包人承担		
22.2	发包人违约			
22.2.1	发包人违约的情形	在履行合同过程中发生的下列情形，属发包人违约： （1）发包人未能按合同约定支付预付款或合同价款，或拖延、拒绝批准付款申请和支付凭证，导致付款延误的。 （2）发包人原因造成停工的。	（增加） （6）发包人未按照合同约定的人工费用拨付周期按时足额拨付人工费用的	

续表

序号	通用合同条款		专用合同条款	备注
22.2.1	发包人违约的情形	（3）监理人无正当理由没有在约定期限内发出复工指示，导致承包人无法复工的。 （4）发包人无法继续履行或明确表示不履行或实质上已停止履行合同的。 （5）发包人不履行合同约定其他义务的		
22.2.2	承包人有权暂停施工	发包人发生除第22.2.1（4）目以外的违约情况时，承包人可向发包人发出通知，要求发包人采取有效措施纠正违约行为。发包人收到承包人通知后的28天内仍不履行合同义务，承包人有权暂停施工，并通知监理人，发包人应承担由此增加的费用和（或）工期延误，并支付承包人合理利润	（修改为） 发包人发生除第22.2.1（4）目以外的违约情况时，承包人可向发包人发出通知，要求发包人采取有效措施纠正违约行为。发包人收到承包人通知后的28天内仍不履行合同义务，承包人有权暂停施工，并通知监理人，发包人应承担由此增加的费用和（或）工期延误。 如果承包人根据本条暂停了施工，而发包人随即支付了包括规定的利息在内的应支付的款项，但尚未发出解除通知，那么承包人所享有的暂停权利不再有效。承包人应尽快恢复正常工作	

续表

序号	通用合同条款		专用合同条款	备注
22.2.3	发包人违约解除合同	（1）发生第22.2.1（4）目的违约情况时，承包人可书面通知发包人解除合同。 （2）承包人按22.2.2项暂停施工28天后，发包人仍不纠正违约行为的，承包人可向发包人发出解除合同通知。但承包人的这一行动不免除发包人承担的违约责任，也不影响承包人根据合同约定享有的索赔权利	（修改为） 发包人违约责任： （1）发包人发生第22.2.1（1）目的违约情况时（支付合同价款），发包人应就逾期未付部分向承包人支付按照合同订立时全国银行间同业拆借中心公布的1年期贷款市场报价利率计算的逾期付款违约金，但因承包人原因造成的除外。 （2）发生第22.2.1（4）目的违约情况时（无法履行合同），发包人经催告仍不纠正违约行为的，承包人可提前90日书面通知发包人解除合同。 （3）承包人按第22.2.2项暂停施工28天后，发包人仍不纠正违约行为的，承包人可向发包人发出解除合同通知。但承包人的这一行动不免除发包人承担的违约责任，也不影响承包人根据合同约定享有的索赔权利。 （4）发生第22.2.1（6）目的违约情况时（足额拨付人工费），发包人应就逾期未付部分向承包人支付按照合同订立时全国银行间同业拆借中心公布的1年期贷款市场报价利率计算的逾期付款违约金，但因承包人原因造成的除外	
22.2.4	解除合同后的付款	因发包人违约解除合同的，发包人应在解除合同后28天内向承包人支付下列金额，承包人应在此期限内及时向发包人提交要求支付下列金额的有关资料和凭证：		

续表

序号	通用合同条款		专用合同条款	备注
22.2.4	解除合同后的付款	（1）合同解除日以前所完成工作的价款。 （2）承包人为该工程施工订购并已付款的材料、工程设备和其他物品的金额。发包人付还后，该材料、工程设备和其他物品归发包人所有。 （3）承包人为完成工程所发生的，而发包人未支付的金额。 （4）承包人撤离施工场地以及遣散承包人人员的金额。 （5）由于解除合同应赔偿的承包人损失。 （6）按合同约定在合同解除日前应支付给承包人的其他金额。 发包人应按本项约定支付上述金额并退还质量保证金和履约担保，但有权要求承包人支付应偿还给发包人的各项金额		

续表

序号	通用合同条款		专用合同条款	备注
22.2.5	解除合同后的承包人撤离	因发包人违约而解除合同后，承包人应妥善做好已竣工工程和已购材料、设备的保护和移交工作，按发包人要求将承包人设备和人员撤出施工场地。承包人撤出施工场地应遵守第18.7.1项的约定，发包人应为承包人撤出提供必要条件		
22.3	第三人造成的违约	在履行合同过程中，一方当事人因第三人的原因造成违约的，应当向对方当事人承担违约责任。一方当事人和第三人之间的纠纷，依照法律规定或者按照约定解决		
22.4	违约金总额		任何一方违反合同义务，应按照合同约定支付违约金，但应当支付的违约金总额累计以不超过签约合同价为限。但是，违约方应支付的违约金低于给对方造成的损失的，应就差额部分进行赔偿，且承担的赔偿金额不以签约合同价为限	

续表

序号	通用合同条款		专用合同条款	备注
23	索赔			
23.1	承包人索赔的提出	根据合同约定，承包人认为有权得到追加付款和（或）延长工期的，应按以下程序向发包人提出索赔： （1）承包人应在知道或应当知道索赔事件发生后28天内，向监理人递交索赔意向通知书，并说明发生索赔事件的事由。承包人未在前述28天内发出索赔意向通知书的，丧失要求追加付款和（或）延长工期的权利。 （2）承包人应在发出索赔意向通知书后28天内，向监理人正式递交索赔通知书。索赔通知书应详细说明索赔理由以及要求追加的付款金额和（或）延长的工期，并附必要的记录和证明材料。		

续表

序号	通用合同条款		专用合同条款	备注
23.1	承包人索赔的提出	（3）索赔事件具有连续影响的，承包人应按合理时间间隔继续递交延续索赔通知，说明连续影响的实际情况和记录，列出累计的追加付款金额和（或）工期延长天数。 （4）在索赔事件影响结束后的28天内，承包人应向监理人递交最终索赔通知书，说明最终要求索赔的追加付款金额和延长的工期，并附必要的记录和证明材料		
23.2	承包人索赔处理程序	（1）监理人收到承包人提交的索赔通知书后，应及时审查索赔通知书的内容、查验承包人的记录和证明材料，必要时监理人可要求承包人提交全部原始记录副本。		

续表

序号	通用合同条款		专用合同条款	备注
23.2	承包人索赔处理程序	（2）监理人应按第3.5款商定或确定追加的付款和（或）延长的工期，并在收到上述索赔通知书或有关索赔的进一步证明材料后的42天内，将索赔处理结果答复承包人。 （3）承包人接受索赔处理结果的，发包人应在作出索赔处理结果答复后28天内完成赔付。承包人不接受索赔处理结果的，按第24条的约定办理		
23.3	承包人提出索赔的期限			
23.3.1		承包人按第17.5款的约定接受了竣工付款证书后，应被认为已无权再提出在合同工程接收证书颁发前所发生的任何索赔		

续表

序号	通用合同条款		专用合同条款	备注
23.4	发包人的索赔	承包人按第17.6款的约定提交的最终结清申请单中，只限于提出工程接收证书颁发后发生的索赔。提出索赔的期限自接受最终结清证书时终止		
23.4.1		发生索赔事件后，监理人应及时书面通知承包人，详细说明发包人有权得到的索赔金额和（或）延长缺陷责任期的细节和依据。发包人提出索赔的期限和要求与第23.3款的约定相同，延长缺陷责任期的通知应在缺陷责任期届满前发出		

续表

序号	通用合同条款		专用合同条款	备注
23.4.2		监理人按第3.5款商定或确定发包人从承包人处得到赔付的金额和（或）缺陷责任期的延长期。承包人应付给发包人的金额可从拟支付给承包人的合同价款中扣除，或由承包人以其他方式支付给发包人		
23.5	赔付原则		本合同索赔的赔付原则：只赔付索赔事件给索赔人造成的不能预先防止、不能在过程中消除、不能在事后消化的损失。索赔人应根据其经验和能力，努力防止、消除和消化索赔事件造成的损失，将赔付要求减少到最低。当发生工期延误时，应首先通过计划调控，尽量在剩余工期内予以弥补；当可能发生阻工、窝工损失时，应首先通过调度平衡解决而予以避免。不能防止、不能消除、不能消化的损失，由监理人与承包人和发包人商量后确定。监理人为这类防止、消除和消化提供监理服务	

4

输变电工程结算审核要点

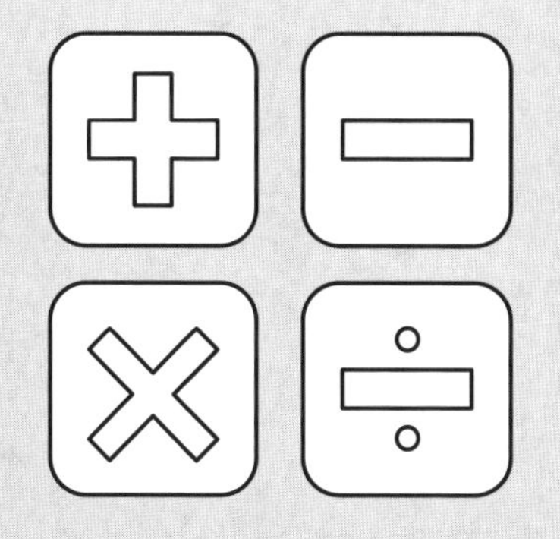

4.1 变电站建筑工程

4.1.1 分部分项及措施项目

序号	项目名称	审核要点	审核原则	备注
1	主控通信楼			
1.1	一般土建			
1.1.1	土石方工程	主控楼基础的挖土方工程量计算原则	按设计图示基础垫层底面积乘以开挖深度计算工程量，不含放坡工程量	
		余土外运的运距	根据现场签证资料支撑	
		地勘报告与项目特征土质是否相符	依据地勘报告进行审核	
		开挖及回填工程量是否符合逻辑	在开挖及回填标高一致情况下，审核开挖量减去基础、垫层、基础梁、沟道、设备基础后与回填量逻辑关系是否一致	
		清单工作内容的包含	（1）排地表水。 （2）土方开挖。 （3）围护（挡土板）拆除。 （4）基底钎探。 （5）场内运输。 （6）就地回填	
1.1.2	基础与地基处理	基础工程量	按照设计图示尺寸，以体积计算	
		换填工程量	按设计要求的宽出基础的宽度计算，深度为换填底到垫层底的深度	

续表

序号	项目名称	审核要点	审核原则	备注
1.1.2	基础与地基处理	桩基工程是否按照定额说明调整	符合调整要求的，按照定额《电力建设工程预算定额（2018年版） 第一册 建筑工程（上册）》“第2章 地基与边坡处理工程”说明中相关调整要求进行调整	
		换填工程量是否有计量依据	提供工程量计量依据（图纸或者地勘相关说明）	
		换填方案与隐蔽验收记录是否一致	依据隐蔽验收记录进行审核	
1.1.3	地面与地下设施	室内沟道项目特征与竣工图纸描述是否一致	按照清单电缆沟规格校核竣工图纸电缆沟型号	
		地面类型是否与竣工图纸类型是否一致	根据竣工图纸做法与清单进行核对	
		电缆沟盖板类型是否与竣工图纸类型是否一致	根据竣工图纸做法与清单进行核对	
		地面工程量是否扣减室内基础及沟道、孔洞所占面积	结合竣工图纸，按照清单计算规则审核地面工程量	
1.1.4	楼面与屋面工程	屋面排水工程量计算	按图示尺寸计算	
		屋面保温工程量计算	按图纸面积及坡度计算	
		屋面防水工程量计算	按图示尺寸计算，计算上翻面积	

续表

序号	项目名称	审核要点	审核原则	备注
1.1.4	楼面与屋面工程	屋面保温项目特征是否与竣工图纸相符	根据竣工图纸做法与清单进行核对	
		屋面防水各层做法是否与竣工图纸对应	根据竣工图纸做法与清单进行核对	
		屋面保温清单工作内容的包含	（1）基层处理、找平。 （2）刷黏结材料。 （3）铺粘保温层。 （4）铺、刷（喷）防护材料。 （5）屋面排气管安装	
		屋面防水清单工作内容的包含	（1）基层处理、找平。 （2）刷底油、刷基层处理剂。 （3）铺、刷防水材料层。 （4）清缝、填塞防水、止水带安装、盖缝制作安装、刷防护材料	
1.1.5	墙体工程	墙体材质项目特征做法是否与图纸相符	根据竣工图纸做法与清单进行核对	
		墙体是否扣除门窗洞口工程量	依据清单计算规则进行核对	
		砖砌体项目特征、工程量计算原则	砌体材质是否与图纸相符，是否有钢丝网，工程量应该含过梁、圈梁、构造柱、压顶工程量	
		墙体保温项目特征是否与竣工图纸对应及工程量计算原则	根据竣工图纸做法与清单进行核对，工程量按设计部位面积扣除门窗及空洞面积	

续表

序号	项目名称	审核要点	审核原则	备注
1.1.5	墙体工程	隔墙项目特征是否与竣工图纸相符	根据竣工图纸做法与清单进行核对	
		水泥纤维复合板工程量	按照竣工图纸，按照清单计算规则审核工程量	
		金属墙板材质、规格、厚度是否与竣工图纸相符	根据竣工图纸做法与清单进行核对	
		钢结构防火项目特征	根据竣工图纸做法与清单进行核对	
		钢结构防腐项目特征	根据竣工图纸做法与清单进行核对	
1.1.6	门窗工程	门窗材质是否与竣工图纸相符	根据竣工图纸与清单进行核对	
		门窗计算规则是否正确	参照清单计算规则：按设计图示门窗洞口面积计算	
1.1.7	混凝土工程	楼承板项目特征、工程量计算原则	根据竣工图纸做法与清单进行核对	
		基础、垫层及其他构件混凝土标号是否与竣工图纸一致	根据竣工图纸与清单进行核对	
		钢筋及预埋铁件工程量	根据竣工图纸核算钢筋质量的准确性	
1.1.8	钢结构工程	钢结构工程量	根据竣工图纸核算钢结构质量的合理性	

续表

序号	项目名称	审核要点	审核原则	备注
1.1.9	装饰工程	项目特征做法是否与图纸相符	根据竣工图纸做法与清单进行核对	
		装饰工程量计算	按照清单计算规则审核工程量	
1.2	给排水	设备工程量、型号参数与图纸是否相符	根据竣工图纸做法与清单进行核对	
		清单工作内容包含的内容	（1）给（排）水管道、消防管道、管道支架、阀门、法兰、水表、流量计、压力表、水龙头、淋浴喷头、地漏、清扫孔、检查孔、透气帽、卫生器具、室内消火栓、水泵接合器、生活消防水箱等安装。 （2）生活、消防水箱的制作。 （3）保温油漆、防腐保护。 （4）管道冲洗、水压试验、调试	
1.3	采暖	设备工程量、型号参数与图纸是否相符	根据竣工图纸做法与清单进行核对	
		清单工作内容包含的内容	（1）采暖管道、管道支架、阀门、法兰、水表、流量计、温度计、压力表、散热器、疏水器、蒸汽分汽缸、集器罐、伸缩节、采暖设备等安装。 （2）管道支架、疏水器、蒸汽分汽缸、集气罐、伸缩节的制作。 （3）刷保温油漆、防腐保护。 （4）管道冲洗、水压试验、调试	

续表

序号	项目名称	审核要点	审核原则	备注
1.4	通风及空调	设备工程量、型号参数与图纸是否相符	根据竣工图纸做法与清单进行核对	
		清单工作内容包含的内容	（1）风道、风道支架、风口、风帽、风阀、现场配制设备支架等制作与安装。 （2）通风空调设备安装。 （3）刷保温油漆、防腐保护，调试	
1.5	照明接地	设备工程量、型号参数与图纸是否相符	根据竣工图纸做法与清单进行核对	
		预埋管的工程量	电气埋管计入安装工程，不在建筑工程中结算	
		清单工作内容的包含	（1）配电箱（含降压照明箱、事故照明箱）、联闪控制器、镇流器、电气仪表、接线盒、开关、插座、灯具、航空灯等安装。 （2）敷设电线管、敷设电线。 （3）调试。 （4）屋顶避雷针制作与安装、引下线敷设、避雷带（网）安装、接地测试	
2	配电装置建筑			
2.1	主变压器系统			
2.1.1	构支架基础	构架工程量	依据竣工图纸工程量计算，注意构架的甲供和乙供	
		构架梁工程量	依据竣工图纸工程量计算，注意构架梁甲供和乙供	

续表

序号	项目名称	审核要点	审核原则	备注
2.1.1	构支架基础	附件工程量	依据竣工图纸工程量计算，附件包括支架柱、爬梯、护笼等，注意附件甲供和乙供	
		基础及垫层混凝土标号是否与竣工图纸一致	根据竣工图纸与清单进行核对	
2.1.2	主变压器设备基础	土方开挖工程量计算规则	深度为计算基础垫层底至油池垫层底	
		基础及垫层混凝土标号是否与竣工图纸一致	根据竣工图纸与清单进行核对	
		基础工程量计算	按设计图示尺寸，以体积计算	
		油池油箅子工程量	根据竣工图纸油篦子设计说明核算	
2.1.3	油坑及卵石	油池工程量计算	按设计图示尺寸，以体积计算。高从油池底板顶标高算至油池壁顶标高，面积＝油池净空长×油池净空宽。不扣除设备基础、油篦子及油池卵石所占的体积	
		油坑做法是否与竣工图纸一致	根据竣工图纸与清单进行核对	
		排油管的材质、型号、规格是否与竣工图纸一致	根据竣工图纸与清单进行核对	

续表

序号	项目名称	审核要点	审核原则	备注
2.1.4	防火墙	基础、垫层、框架混凝土标号是否与竣工图纸一致	根据竣工图纸与清单进行核对	
		防火墙装饰是否与竣工图纸一致	根据竣工图纸与清单进行核对	
2.1.5	事故油池	基础、垫层、框架混凝土标号是否与图纸一致	根据施工图纸与预算进行核对	
		油池工程量计算	按设计图示尺寸，以净空体积（容积）计算	
2.2	电缆沟道	截面尺寸是否与竣工图纸一致	根据竣工图纸与清单进行核对	
		沟道混凝土标号与图纸是否一致	根据竣工图纸与清单进行核对	
		电缆沟盖板材质与图纸是否一致	根据竣工图纸与清单进行核对	
2.3	栏栅及地坪	图纸做法与清单是否一致	根据竣工图纸与清单进行核对	
2.4	区域地面封闭	图纸做法与清单是否一致	根据竣工图纸与清单进行核对	
3	供水系统建筑			
3.1	供水管道	管道材质、规格是否与竣工图纸一致	根据竣工图纸与清单进行核对	

续表

序号	项目名称	审核要点	审核原则	备注
3.1	供水管道	预算中管道垫层采用材质是否与图纸一致	根据施工图纸与预算进行核对	
		土方开挖工程量计算规则	按基础垫层底面积[无垫层者为基础（坑、槽）底面积]乘以挖土深度计算	
		井池材质及工程量计算规则	根据图纸描述的标准工艺图集计算工程量	
3.2	深井	管径及深度图纸是否明确	根据竣工图纸进行校核	
		深井泵个数是否与图纸一致	根据竣工图纸进行校核	
3.3	蓄水池	井池工程量计算规则	按设计图示尺寸，以净空体积（容积）计算	
		混凝土标号是否与竣工图纸一致	根据竣工图纸与清单进行核对	
		卷材防水和防腐是否与竣工图纸一致	根据竣工图纸与清单进行核对	
		清单工作内容的包含	（1）铺设垫层。 （2）模板安拆。 （3）混凝土浇制。 （4）砌体砌筑。 （5）爬梯制作、安装。 （6）井盖制作、安装。 （7）抹灰。 （8）防水、防腐处理。 （9）变形缝处理	

续表

序号	项目名称	审核要点	审核原则	备注
4	消防系统			
4.1	设备及管道	管道材质、规格是否与竣工图纸一致	根据竣工图纸与清单进行核对	
		设备数量及参数是否与图纸要求一致	根据竣工图纸与清单进行核对	
		管道土方计算规则	按基础垫层底面积[无垫层者为基础（坑、槽）底面积]乘以挖土深度计算，深度按照平面标高差确定	
4.2	消防器材	设备数量及参数是否与图纸要求一致	根据竣工图纸与清单进行核对	
4.3	特殊消防	是否有计价依据	根据竣工图纸进行校核	
5	站区性建筑			
5.1	场地平整	挖一般土方工程量	按地表杂土工程量计算	
		外购土	按照竣工图纸土方工程图计算	
		余方弃置工程量	按挖方清单项目工程量减利用回填方体积（正数）计算	
		回填工程量	按照竣工图纸、现场签证单工程量计算	
5.2	站区道路及广场	道路的项目特征否与图纸一致	根据竣工图纸与清单进行核对	
		路缘石的项目特征	根据竣工图纸与清单进行核对	

续表

序号	项目名称	审核要点	审核原则	备注
5.2	站区道路及广场	清单工作内容的包含	（1）整形碾压。 （2）基层、垫层、面层浇（铺）筑。 （3）传力杆及套筒制作安装。 （4）锯缝、嵌缝、灌缝。 （5）路面标示线涂刷。 （6）土工布、土工格栅铺设。 传力杆及套筒制作安装及路面标示线涂刷均在本清单包含	
5.3	站区排水	管道材质是否与竣工图纸一致	根据竣工图纸与清单进行核对	
		管道垫层采用材质是否与竣工图纸一致	根据竣工图纸与清单进行核对	
5.4	围墙大门	围墙结构形式是否与图纸一致	根据竣工图纸与清单进行核对	
		大门的类型是否与图纸一致	根据竣工图纸与清单进行核对	
		大门工程量	按设计图示大门洞口面积计算	
		围墙装饰面做法是否与图纸一致	根据竣工图纸与清单进行核对	
		围墙装饰工程量	按设计图示尺寸，以面积计算	
6	特殊构筑物			

续表

序号	项目名称	审核要点	审核原则	备注
6.1	挡土墙	材质做法与竣工图中是否一致	根据竣工图纸与清单进行核对	
		清单工作内容的包含	（1）铺设垫层。 （2）模板安拆。 （3）混凝土浇制。 （4）砌体砌筑。 （5）变形缝处理。 （6）安装泄水孔	
6.2	防洪排水沟	材质做法与竣工图中是否一致	根据竣工图纸与清单进行核对	
6.3	护坡	材质做法与竣工图中是否一致	根据竣工图纸与清单进行核对	
		清单工作内容的包含：安装泄水孔、铺砌台阶、池埂等	（1）铺设垫层。 （2）模板安拆。 （3）混凝土浇制。 （4）砌体砌筑。 （5）变形缝处理。 （6）安装泄水孔。 （7）铺砌台阶、池埂。 （8）植草皮。 （9）钻孔，浆液制作、运输、压浆。 （10）锚杆，土钉制作、安装。 （11）锚杆，土钉施工平台搭设、拆除。 （12）混凝土（砂浆）制作、运输、喷射、养护。 （13）钻排水孔、安装排水管。 （14）喷射施工平台搭设、拆除	

续表

序号	项目名称	审核要点	审核原则	备注
7	与站址有关的单项工程			
7.1	地基处理	换填工程量计算原则	按设计图示尺寸，以体积计算	
		灌注桩长度计算	桩长包括桩尖的长度	
		换填是否有计量依据	依据图纸、地勘相关说明、隐蔽验收记录计量	
		换填清单工作内容的包含	（1）分层铺填。 （2）碾压、振密或夯实。 （3）被换填土方开挖。 （4）场内运输。	
7.2	站外道路	道路的项目特征否与图纸一致	根据竣工图纸与清单进行核对	
7.3	站外水源	管道材质、工程量是否与竣工图纸一致	根据竣工图纸与清单进行核对	
7.4	站外电源	图纸料表工程量是否与清单描述一致	根据竣工图纸与清单进行核对	
7.5	施工降水	施工降水费用工程量确定	根据降水的施工方案、降水的施工日志，降水现场签证单确定	
8	拆除项目	拆除项目工程量	根据竣工图纸拆除说明计算工程量或现场签证工程量确认单计算	

4.1.2 甲供物资

序号	项目名称	审核要点	审核原则	备注
1	甲供物资	钢结构工程量	依据Q/GDW 11338—2014《变电工程工程量计算规范》按设计图示尺寸，以质量计算，防腐、防火、运输及安装措施等为附属工艺，不再单独计算工程量	
		建筑物外墙工程量	依据Q/GDW 11338—2014《变电工程工程量计算规范》按设计图示尺寸，以面积计算，扣除门窗洞口及单个面积在0.3m^{2}以上孔洞所占面积。密封胶、洞口封边及泛水封边、龙骨（墙檩）、防火岩棉等辅助材料不再单独计算工程量	
		楼承板及压型钢板底模	依据Q/GDW 11338—2014《变电工程工程量计算规范》按设计图示尺寸，以面积计算，附件钢筋及栓钉等不再单独计算工程量	

4.1.3 其他费用

序号	项目名称	审核要点	审核原则	备注
1	人工、材料、机械台班价格调整计价	结算计价是否准确	按照合同专业条款约定的，施工期不小于2个调差基准期时，按天执行加权平均调整系数	

续表

序号	项目名称	审核要点	审核原则	备注
2	建设场地征占用及清理费	计价依据是否充分	提供相应的支撑资料（租地合同、付款凭证），并与中标费用作对比取低值	
3	余物清理费	费率的计算是否正确	按照预规规定的费率计算	
4	桩基检测费	计价依据是否充分	提供相应的支撑资料（桩基检测报告、合同、发票以及付款凭证），并与中标费用作对比取低值	

4.2 变电安装工程

4.2.1 分部分项及措施项目

序号	项目名称	审核要点	审核原则	备注
1	变压器系统			包括主变压器、接地变压器及消弧线圈成套装置柜

续表

序号	项目名称	审核要点	审核原则	备注
1.1	变压器	清单工作内容含： （1）本体及附件安装。 （2）端子箱、控制箱安装。 （3）本体间金属软管、电缆敷设及接线。 （4）引下线安装。 （5）油过滤（油浸式）。 （6）除锈防腐。 （7）单体调试	（1）本清单项目适用于变压器、联络变压器、箱式变电站、接地变压器（柜）、接地变压器及消弧线圈成套装置框等。 （2）安装方式包括户内安装、户外安装、散热器外置等。 （3）防腐要求包括补漆、喷漆、冷涂锌喷涂等。 （4）“变压器”清单项目适用于接地变压器及消弧线圈成套装置柜时，与柜体成套供货的柜内变压器、消弧线圈、隔离开关等设备安装不再单列清单项目；当柜内设备与柜体不成套供货或不同期安装时，分别选用相应的清单项目。 （5）清单项目工作内容中的“单体调试”指现行有关电力工程建设的技术规程、规范及施工质量验评标准规定为必须做的各种常规的调试项目：不包括SF_6密度继电器与气体继电器校验、绝缘油试验、SF_6气体试验，以及规程、规范规定为特殊的调试项目。 （6）主变压器本体端子箱、安装箱应计入本清单中。 （7）引下线（与设备或母线配套安装或是同期安装时包含在设备清单中）安装、导线金具材料费应计入本清单中，项目特征描述增加导线、金具规格等内容。 （8）厂家提供的电缆（厂供电缆）已含在清单工作内容中。 （9）油过滤（油浸式）计入本清单中	
1.2	中性点接地成套设备	清单工作内容含： （1）本体及附件安装。 （2）本体至相邻设备连线安装。 （3）单体调试	（1）引下线（与设备或母线配套安装或是同期安装时包含在设备清单中）安装、导线金具材料费应计入本清单中。 （2）成套设备内部连接用的铜铝排、铜线、固定导线用的小绝缘子等不用另设清单项，应含在本清单中	

续表

序号	项目名称	审核要点	审核原则	备注
2	配电装置			包括配电装置、无功补偿系统
2.1	断路器	清单工作内容含： （1）本体及附件安装。 （2）本体连接电缆敷设、电缆头安装。 （3）本体至相邻一组（或台）设备连线安装。 （4）端子箱安装。 （5）油断路器油过滤。 （6）单体调试	（1）引下线（与设备或母线配套安装或是同期安装时包含在设备清单中）安装、导线金具材料费应计入本清单中。 （2）断路器本体端子箱安装含在本清单中。 （3）油断路器油过滤含在本清单中。 （4）“断路器”清单项目工作内容不包括金属平台和爬梯的制作安装。 （5）断路器底部支柱安装包含在“断路器”清单项目工作内容中。 （6）“断路器”清单项目工作内容不包括二次灌浆，需要时选用建筑工程的相应清单项目	
2.2	组合电器	清单工作内容含： （1）本体及附件安装。 （2）本体连接电缆敷设、电缆头安装。 （3）本体至相邻一组（或台）设备连线或母线引下线安装。 （4）端子箱安装。 （5）除锈防腐。 （6）单体调试装	“组合电器”清单项目适用于SF_6全封闭组合电器、SF_6全封闭组合电器主母线、复合式组合电器、SF_6全封闭组合电器进出线套管、空气外绝缘高压组合电器、散开式组合电器等各种型号规格及用途的组合电器。 （1）引下线（与设备或母线配套安装或是同期安装时包含在设备清单中）安装、导线金具材料费应计入本清单中，项目特征描述增加导线、金具规格等内容。 （2）以台计量，按设计图示数量计算，三相为一台。 （3）用于SF_6全封闭组合电器、复合式组合电器、空气外绝缘高压组合电器时，以“台”为单位计量，三相为一台。	

续表

序号	项目名称	审核要点	审核原则	备注
2.2	组合电器	清单工作内容含： （1）本体及附件安装。 （2）本体连接电缆敷设、电缆头安装。 （3）本体至相邻一组（或台）设备连线或母线引下线安装。 （4）端子箱安装。 （5）除锈防腐。 （6）单体调试装	（4）“组合电器”清单项目用于SF_6全封闭组合电器（带断路器）时，按断路器数量计算，以“台”为单位计量，三相为一台：用于SF_6全封闭组合电器（不带断路器）时，按母线电压互感器和避雷器的组合数量计算，以“台”为单位计量，每组合为一台。用于为远期扩建方便预留的组合电器（前期先建母线及母线侧隔离开关）时，以“台”为单位计量，每间隔为一台。 （5）组合电器如有成套供应的操作柜时，其安装工作包括在“组合电器”清单项目工作内容中。 （6）防腐要求：包括补漆、喷漆、冷涂锌、喷涂等。 （7）母线以“m(三相)”计量，按设计图示SF_6全封闭组合电器主母线中心线长度计算。用于SF_6全封闭组合电器主母线时，以“m（三相）”为单位计量，按设计图示SF_6全封闭组合电器主母线中心线延长米的长度计算工程量。如主母线为单相式的，按各相主母线中心线延长米的长度之和的1/3计算工程量，均不扣除附件所占长度。 （8）套管以个计量，按设计图示SF_6全封闭组合电器进出线套管数量计算	
2.3	隔离开关	清单工作内容含： （1）本体及附件安装。 （2）本体至相邻一组（或台）设备连线或母线引下线安装。 （3）单体调试	引下线（与设备或母线配套安装或是同期安装时包含在设备清单中）安装、导线金具材料费应计入本清单中，项目特征描述增加导线、金具规格等内容。 以组为单位时三相为一组。以台为单位时三相为三台。 隔离开关延长轴（图纸可能标识为水煤气管）安装已含在清单工作内容中	

续表

序号	项目名称	审核要点	审核原则	备注
2.4	接地开关	清单工作内容含： （1）本体及附件安装。 （2）母线引下线安装。 （3）单体调试	引下线安装、导线金具材料费应计入本清单中	
2.5	负荷开关	清单工作内容含： （1）本体及附件安装。 （2）本体至相邻一组（或台）设备连线或母线引下线安装。 （3）端子箱安装。 （4）单体调试	引下线安装、导线金具材料费应计入本清单中	
2.6	电流互感器	清单工作内容含： （1）本体安装。 （2）本体至相邻一组（或台）设备连线安装。 （3）端子箱安装。 （4）油过滤。 （5）单体调试	引下线安装、导线金具材料费应计入本清单中	

续表

序号	项目名称	审核要点	审核原则	备注
2.7	电压互感器	清单工作内容含: (1)本体安装。 (2)本体至相邻一组(或台)设备连线安装。 (3)端子箱安装。 (4)油过滤。 (5)单体调试	引下线安装、导线金具材料费应计入本清单中	
2.8	避雷器	清单工作内容含: (1)本体及附件安装。 (2)本体至相邻一组(或台)设备连线或母线引下线安装。 (3)单体调试	引下线安装、导线金具材料费应计入本清单中。 清单单位为组，三相为一组，则单相避雷器工作量为1/3。 放电计数器及连接铜线，清单工作内容已含，不应另列清单	
2.9	电容器	清单工作内容含: (1)本体及附件安装。 (2)本体至相邻一组(或台)设备连线安装。 (3)单体调试	(1)以组计量，按设计图示数量计算，三相为一组。 (2)以台计量，按设计图示数量计算。 (3)“电容器”清单项目适用于电力电容器、集合式电容器、并联电容器组、自动无功补偿装置等各种型号规格及用途的电容器。 (4)用于集合式电容器、并联电容器组、自动无功补偿装置时，以“组”为单位计量。 (5)“电容器”清单项目适用于并联电容器组时，其包含的配电装置设备安装不再单列清单项目。 (6)电容器内部连接铜铝排清单工作内容已含，不应另列清单项	

续表

序号	项目名称	审核要点	审核原则	备注
2.10	熔断器	清单工作内容含: （1）本体安装。 （2）本体至相邻一组(或台)设备连线安装。 （3）单体调试	引下线安装、导线金具材料费应计入本清单中。按设计图示数量计算，三相为一组	
2.11	放电线圈	清单工作内容含: （1）本体安装。 （2）本体至相邻一组(或台)设备连线安装。 （3）单体调试	引下线安装、导线金具材料费应计入本清单中。单位为“台”	
2.12	阻波器	清单工作内容含: （1）本体安装。 （2）本体至相邻一组(或台)设备连线或母线引下线安装。 （3）单体调试	引下线安装、导线金具材料费应计入本清单中。单位为“台”	
2.13	结合滤波器	清单工作内容含: （1）本体安装。 （2）本体至相邻一组(或台)设备连线安装。 （3）单体调试	（1）引下线安装、导线金具材料费应计入本清单中。 （2）“结合滤波器”清单项目工作内容包括接地开关（隔离开关）的安装工作	
2.14	成套高压配电柜	清单工作内容含: （1）本体安装。 （2）主母线及引线配制安装。 （3）绝缘热缩安装。 （4）单体调试	（1）按设计图示数量计。 （2）项目特征中的“绝缘热缩材料类型”包括保护套、接线盒等，一般热缩材料为开关柜厂家提供，不计材料费	

续表

序号	项目名称	审核要点	审核原则	备注
2.15	接地电阻柜	清单工作内容含： （1）本体安装。 （2）单体调试	单位，“台”，按设计图示数量计	
3	母线、绝缘子安装			
3.1	悬垂绝缘子	清单工作内容含： （1）绝缘子串组合、安装。 （2）单体调试	（1）适用于单独安装的悬垂绝缘子串（如横拉线绝缘子串、跳线悬挂绝缘子串、阻波式悬挂绝缘子串等）。 （2）根据施工图纸区分单双串，其中V形绝缘子串按照一个V形为一串，按照双串考虑。 （3）悬垂绝缘子串不适用于耐张绝缘子串安装，与母线悬挂或连接固定的耐张绝缘子（串）已包含在母线安装清单项目中	
3.2	支柱绝缘子	清单工作内容含： （1）本体及附件安装。 （2）单体调试	根据施工图纸确定电压等级及安装地点为户内还是户外	
3.3	穿墙套管	清单工作内容含： （1）本体及附件安装。 （2）穿通板制作安装。 （3）单体调试	（1）“穿墙套管”清单项目项目特征中的“穿通板结构”指单层结构、双层结构。与建筑专业确认避免重复计列。 （2）穿墙套管如有成套供应的附属油箱、油管路、放油阀时，其安装工作包括在“穿墙套管”清单项目工作内容中	

续表

序号	项目名称	审核要点	审核原则	备注
3.4	软母线	清单工作内容含： （1）软母线安装。 （2）跳线、引下线安装。 （3）绝缘子串安装。 （4）单体调试	（1）电压等级、截面、数量根据施工图纸界定。 （2）“软母线”清单项目项目特征中的“绝缘子串悬挂方式”指单串悬挂、双串悬挂，根据单相单处绝缘子串的串数确定	
3.5	引下线、跳线及设备连引线	清单工作内容含： （1）引下线、跳线安装。 （2）设备连接线安装	（1）根据施工图纸界定电压等级、截面、数量。 （2）“引下线、跳线及设备连引线”清单项目适用于不与设备或母线配套安装或是同期安装的，需单独安装的引下线、跳线及设备连引线，如扩建工程中不与新建设备或母线引接而只需单独安装等情形的引下线、跳线及设备连引线。与设备、母线连接的引下线、跳线及设备连引线已包含在设备、母线安装的清单项目中。 （3）“引下线、跳线及设备连引线”清单项目的适用线型为软导线	
3.6	带形母线	清单工作内容含： （1）带形母线、伸缩节及附件安装。 （2）绝缘热缩安装	（1）电压等级根据施工图纸界定。 （2）单片母线型号规格、每相片数根据施工图纸界定。 （3）“带形母线”清单项目项目特征中的“绝缘热缩材料类型”包括保护套、接线盒等	

续表

序号	项目名称	审核要点	审核原则	备注
3.7	管型母线	清单工作内容含： （1）母线本体、衬管及附件安装。 （2）绝缘子串安装。 （3）单体调试	（1）根据施工图纸界定电压等级和管母安装方式，支撑式管母以“m”为单位，悬挂式管母以“跨/三相”为单位。 （2）“管形母线”清单项目用于支撑式管母时，以“m”为单位计量，按设计图示单相中心线延长米计算，不扣除附件所占长度（不计算管形母线村管长度）；用于悬挂式管母时，以“跨/三相”为单位计量。“管形母线”清单项目项目特征中的“跨距”，适用于悬挂式管母	
3.8	共箱母线	清单工作内容含：硬母线本体及附件安装	（1）“共箱母线”清单项目以“m”为单位计量，按设计图示尺寸（母线外壳中心线延长米的长度）计算工程量，不扣除附件所占长度。 （2）共箱母线、低压封闭式插接母线槽均按生产厂供应成品考虑，相应清单项目工作内容中只考虑现场安装，其中共箱母线按硬母线导体考虑。如共箱母线为现场自行加工制作安装时需另分别选用“带形母线”“支柱绝缘子”等清单项目。 （3）“共箱母线”清单项目也适用于成套母线桥。 （4）编制工程量清单时，共箱母线、分相封闭母线应在分部分项工程量清单表的备注栏中注明采购供货方	
4	控制、继电保护及低压电器安装			

续表

序号	项目名称	审核要点	审核原则	备注
4.1	计算机监控系统	清单工作内容含： （1）装置安装。 （2）柜体安装。 （3）柜间小母线安装。 （4）单体调试	（1）“计算机监控系统”清单项目包括全站单独组屏与不单独组屏的计算机监控系统设备及其附属设备的安装、单体调试工作。 （2）就地安装于一次设备本体，不单独组屏的合并单元、智能终端及保护、测控等各种装置的单体调试工作包含在“计算机监控系统”中，其安装工作按照一次设备厂家提供成套供货考虑，不再单列清单项目。 （3）以下设备、装置本体，现场遇有单独安装（含单体调试）的，仍然选用本部分相应的清单项目，并在备注中列出具体安装内容说明。 1）站内各种计算机监控系统设备及其附属设备本体；就地安装于一次设备本体，不单独组屏的合并单元、智能终端及保护、测控等各种装置。 2）各种保护、自动装置、计量计费与采集、远动、故障录波、合并单元、智能终端、中央信号、智能汇控、智能控等各种类型装置本体。 3）防误设备、同步网设备、数据网接入设备、安全防护设备、信息安全的测评设备、智能助控制子系设备、智能在线监测设备、调度自动化数据主站系统设备等设备本体（或其材料）。 （4）编制工程量清单时，在设计资料中关于全站计算机监控、防误闭锁、同步时钟、数据网接入安全防护、信息安全测评、智能辅助控制、智能在线监测、调度自动化数据主站等（子）系统所属各设备（或其材料）的描述是翔实的前提下，可在清单项目的备注栏中补充列出具体安装内容及说明	

续表

序号	项目名称	审核要点	审核原则	备注
4.2	防误闭锁系统	清单工作内容含： （1）装置安装。 （2）柜体安装。 （3）柜间小母线安装。 （4）单体调试	防误设备包括防误主机、模拟屏、电磁锁、编码锁、桩头等	
4.3	控制及保护盘台柜	清单工作内容含： （1）装置安装。 （2）柜体安装。 （3）柜间小母线安装。 （4）单体调试	“控制及保护盘台柜”清单项目适用于单独组屏的各种保护、自动装置、计量计费与采集、远动、故障录波、合并单元、智能终端、中央信号、智能汇控、智能控制等各种类型装置屏柜。编制工程量清单时，按不同的屏柜名称以特征顺序码加以区别	
4.4	同步时钟系统	清单工作内容含： （1）装置安装。 （2）柜体安装。 （3）柜间小母线安装。 （4）单机调试	同步网设备包括主站时钟、扩展时钟、卫星接收机、接收天线、接收馈线等	
4.5	调度数据网接入系统	清单工作内容含： （1）装置安装。 （2）柜体安装。 （3）柜间小母线安装。 （4）单机测试	数据网接入设备、安全防护设备包括交换机、路由器、硬件防火墙、纵横向加密认证装置、入侵检测系统及其他网络设备	
4.6	二次安全防护系统	清单工作内容含： （1）装置安装。 （2）柜体安装。 （3）柜间小母线安装。 （4）单机测试	安全防护设备单体调试项目包括交换机、路由器、硬件防火墙、纵向加密认证装置、横向加密认证装置、入侵检测系统和其他网络设备	

续表

序号	项目名称	审核要点	审核原则	备注
4.7	信息安全测评（等级保护测评）系统	清单工作内容含： （1）装置安装。 （2）柜体安装。 （3）柜间小母线安装。 （4）单机测试	信息安全的测评设备包括服务器／操作系统、工作站操作系统、网络设备等	
4.8	智能辅助控制系统	清单工作内容含： （1）装置安装。 （2）柜体安装。 （3）柜间小母线安装。 （4）线缆敷设。 （5）单体调试	（1）智能辅助控制的子系统指图像监视系统、火灾报警系统、环境监视系统（环境信息采集系统）、电子围栏、门禁系统、SF_6泄漏报警系统等子系统。 （2）除火灾报警系统外，水、气体、泡沫灭火系统等其他特殊消防系统的工作，以及消防器材等，均列入建筑工程。 （3）清单包含由厂家提供的线缆敷设。由施工单位采购的电缆保护管、线缆等应另列清单项	
4.9	设备智能在线监测系统	清单工作内容含： （1）装置安装。 （2）柜体安装。 （3）柜间小母线安装。 （4）线缆敷设。 （5）单体调试	“设备智能在线监测系统”清单项目工作内容均包括了按各（子）系统设计资料明确的采集（探测）器、一体机等各种设备、屏柜的安装，各相应电线、电缆、光缆、线缆护管、线缆桥支吊架以及线缆接头或熔接、单体调试等工作。不包括设备基础施工工作，设备基础施工工作列入建筑工程	
4.10	低压成套配电柜	清单工作内容含： （1）本体安装。 （2）柜间母线桥及柜上母线安装。 （3）绝缘热缩安装。 （4）单体调试	“低压成套配电柜”清单项目适用于低压成套开关柜、动力盘、交流配电屏等类型屏柜	

续表

序号	项目名称	审核要点	审核原则	备注
4.11	辅助设备与设施	清单工作内容含： （1）本体安装。 （2）屏上开孔。 （3）二次回路配线。 （4）防锈防腐	“辅助设备与设施”清单项目适用于不与设备配套同期安装、需单独安装的各种辅助设备与设施，如端子箱、控制箱、屏边、表计及继电器、组合继电器、低压熔断器、空气开关、铁壳开关、胶盖闸刀开关、刀型开关、组合开关、万能转换开关、限位开关、控制器、低压电阻（箱）、低压电器按钮、剩余电流动作保护器，以及标签框、试验盒、光字牌、信号灯、附加电阻、连接片及二次回路熔断器、分流器等屏上小附件。用于端子箱、控制箱、屏边时，以“台”为单位计量：用于其他设备、设施时，以“个”为单位计量	
4.12	铁构件	清单工作内容含： （1）制作。 （2）除锈防腐。 （3）安装	（1）“铁构件”清单项目适用于设备、材料底部基座，支架的构件，不适用于设备底部支柱，设备底支柱（如离心杆支架、钢管支架、型钢支架等）选用建筑工程的相关清单项目。 （2）用途指基础型钢，支持型钢等，设备底部基座基槽钢、角钢、轨道钢等各种基础性型钢如为预埋施工的，列入建筑工程	
4.13	保护网	清单工作内容含： （1）制作。 （2）除锈防腐。 （3）安装	核实厂家供货还是施工单位供货	
4.14	调度自动化数据主站系统	清单工作内容含： （1）装置安装。 （2）柜体安装。 （3）单体调试	（1）调度自动化数据主站系统设备包括服务器、工作站、商用数据库、磁盘列阵、应用软件等。 （2）各级调度端指县调、地调、省调等，各数据主站指“调度自动化系统”“继电保护和故障录波信息管理系统”“配电自动化系统”“电能量计量系统”“大客户负荷管理系统”“信息安全测评系统（等级保护测评）”“调度数据网”等	

续表

序号	项目名称	审核要点	审核原则	备注
4.15	信息安全测评（等级保护测评）系统	清单工作内容含： （1）装置安装。 （2）柜体安装。 （3）柜间小母线安装。 （4）单体调试	包括服务器/操作系统、工作站/操作系统、网络设备等	
5	交直流电源安装			
5.1	蓄电池	清单工作内容含： （1）支架安装。 （2）电池屏(柜)本体安装。 （3）电池本体及附件安装。 （4）充放电、补充电。 （5）单体调试	（1）"蓄电池"清单项目用于免维护蓄电池时，以"只"为单位计量：用于其他形式蓄电池时，以"组"为单位计量。 （2）直流系统绝缘检测装置的安装、单体调试等工作均包含在"蓄电池"清单项目工作内容中。 （3）蓄电池支架按生产厂供应成品考虑，相应清单项目工作内容只考虑现场安装，如为现场自行加工制作安装时另选用"铁构件"等相关清单项目	
5.2	交直流配电盘台柜	清单工作内容含： （1）装置安装。 （2）框体安装。 （3）单体调试	（1）"交直流配电盘台柜"清单项目适用于整流屏、充电屏、开关电源屏、直流馈（分）电屏、交直流切换屏、交直流电源一体化屏、整流模块、防雷模块等设备。 （2）用于整流屏、充电屏、开关电源屏、直流惯（分）电屏、交直流切换屏、交直流电源一体化屏时，以"台"为单位计量。 （3）用于整流模块、防雷模块时，以"块"为单位计量	
5.3	三相不间断电源装置	清单工作内容含： （1）装置安装。 （2）柜体安装。 （3）单体调试	不间断电源装置的主机柜、旁路柜，馈线柜安装工作包括在"三相不间断电源装置"清单项目中，均不再单列清单项目	

续表

序号	项目名称	审核要点	审核原则	备注
6	电缆安装			
6.1	电力电缆	清单工作内容含： （1）揭盖盖板。 （2）电缆沟挖填土。 （3）电缆沟铺砂、盖砖。 （4）电缆敷设。 （5）终端制作安装。 （6）单体调试	（1）工作内容不包括人工开挖路面及路面修复工作。人工开挖、修复路面后的余土外运工作，发生时选用建筑工程清单项目。 （2）电缆沟挖填土遇有清理障碍物、排水及其他措施性工作时，可以在措施项目清单中考虑相关费用。 （3）电缆敷设有在积水区、水底、井下施工时，可以在措施项目清单中考虑相关费用。 （4）电缆敷设、安装需要制作隔热层、保护层时，可以在措施项目清单中考虑相关费用	
6.2	控制电缆	清单工作内容含： （1）揭盖盖板。 （2）电缆沟挖填土。 （3）电缆沟铺砂、盖砖。 （4）电缆敷设。 （5）终端制作安装。 （6）单体调试	（1）“控制电缆”清单项目适用于控制电缆、热工控制电缆、屏蔽电缆、计算机电、高频电缆等。 （2）变电站监控、保护、自动化系统各种型式光缆的敷设安装、接续、测试等工作，选用通信工程清单项目。 （3）工作内容不包括人工开挖路面及路面修复工作	
6.3	电缆支架	清单工作内容含： （1）制作。 （2）除锈防腐。 （3）安装	（1）“电缆支架”清单项目适用于复合支架、钢质支架等。用于复合支架时，以“付”为单位计量。用于钢质支架时，以“t”为单位计量。 （2）“电缆支架”清单项目项目特征中的“防腐要求”包括补漆、镀锌等。 （3）建筑专业核实数量，避免遗漏	

续表

序号	项目名称	审核要点	审核原则	备注
6.4	电缆桥架	清单工作内容含：桥架及附件安装	（1）电缆桥架、槽盒等均按生产厂供应成品考虑，相应清单项目工作内容中只需考虑现场安装、补漆等。 （2）“电缆桥架”清单项目工程量计算均包括各种相应连接件（如托盘、槽盒等）的长度与质量。 （3）“电缆桥架”清单项目适用于复合桥架、铝合金桥架、钢质桥架、不锈钢桥架、钢组合支架等。 （4）用于复合桥架、铝合金桥架时，以“m”为单位计量；用于钢质桥架、不锈钢桥架、钢组合支架时，以“t”或“m”为单位计量。 （5）电缆井罩选用“铁构件”清单项目	
6.5	电缆保护管	清单工作内容含： （1）电缆保护管敷设。 （2）保护管沟挖填土	（1）根据施工图核实电缆保护管材质、型号及工程量，主材费用是否正确。 （2）核实甲乙供划分是否正确	
6.6	电缆防火设施	清单工作内容含：防火设施安装	（1）“电缆防火设施”清单项目适用于阻燃槽盒、防火带、防火隔板、防火墙、组合模块（ROXTEC）、防火膨胀模块、有机堵料、无机堵料、防火涂料等，其中防火墙指电缆沟、井内的防火隔墙等。 （2）用于阻燃槽盒、防火带时，以“m”为单位计量。 （3）用于防火隔板、防火墙、组合模块（ROXTEC）时，以“m^2”为单位计量。 （4）用于防火膨胀模块时，以“m^3”为单位计量。 （5）用于有机堵料、无机堵料、防火涂料时，以“t”为单位计量。 （6）防火密封胶单位按“L”，只计主材费	

续表

序号	项目名称	审核要点	审核原则	备注
7	照明			
7.1	构筑物照明灯	清单工作内容含: （1）灯杆组立、灯具及附件安装。 （2）电线管敷设。 （3）管内穿线	（1）“照明”清单项目适用于全站户外场地照明，户内照明选用建筑工程清单项目。 （2）户外场地照明灯具相应配套的电线管敷设（包括电线管管沟挖填土）、照明电缆（线）的管内穿线敷设已包含在照明灯清单项目工作内容中，不再单列相应清单项目。 （3）户外照明属安装工程费，户内照明属建筑工程费。 （4）核实各种照明灯具、照明电缆甲乙供。 （5）注意清单包含的工作内容不需另列清单	
7.2	道路照明灯	清单工作内容含: （1）基坑挖填、基础安装。 （2）灯杆组立、灯具及附件安装。 （3）电线管敷设。 （4）管内穿线	（1）道路照明含基坑挖填、基础安装。 （2）设备照明安装定额中照明配电箱的电源电缆敷设及接线	
7.3	配电箱	清单工作内容含: （1）本体安装。 （2）除锈防腐	（1）“配电箱”清单项目适用于动力箱、检修电源箱、户外照明配电箱等。户外照明配电箱的进线电缆、电缆保护管敷设安装工作，另选用相应的清单项目。 （2）“配电箱”清单项目项目特征中的“防腐要求”包括补漆、喷漆、冷涂锌喷涂等。 （3）核实设备甲乙供范围，一般检修电源箱甲供，照明配电箱、动力配电箱、风机控制箱、空调控制箱、水泵房控制（动力）箱乙供	

续表

序号	项目名称	审核要点	审核原则	备注
8	接地			
8.1	接地母线	清单工作内容含： （1）接地沟开挖及回填土夯实。 （2）接地母线敷设。 （3）接地极制作安装。 （4）接地跨接线安装。 （5）单体调试	（1）除本部分接地清单项目外，Q/GDW 11338—2014《变电工程工程量计算规范》变电安装工程其余工程量清单项目工作内容均不含接地装置、接地引下线的安装。 （2）接地清单项目适用于全站主接地网接地装置、全站接地引下线安装，建筑物的避雷网等选用建筑工程清单项目，其中： 1）全站主接地网接地装置包括户外主接地网，户内、电缆沟内电线夹层与竖井内接地母线、汇流线等。 2）全站接地引下线清单项目适用于全站构支架、全站设备及构配件设施（如电支架、电线桥架等）、独立避雷针等所有需要接地的设备与设施的接地（下）线安装。 （3）“接地母线”清单项目特征中的“埋深”“换填土要求”仅适用于户外接地母线	
8.2	全站接地引下线	清单工作内容含：全站接地引下线安装	适用于所有需要接地的设备或设施接地引（下）线	
8.3	阴极保护井	清单工作内容含： （1）保护井安装。 （2）电极安装。 （3）单体调试	“阴极保护井”“深井接地”清单项目工作内容中未包括钻井，发生时参照建筑工程清单项目	
8.4	降阻接地	清单工作内容含：降阻接地安装	（1）“降阻接地”清单项目适用于接地模块、降阻剂、离子接地极等。用于接地模块时，以“个”为单位计量。 注意本清单有三个清单单位的选用：接地模板清单单位“个”，降阻剂清单单位“kg”，离子接地极清单单位“套”。 （2）“降阻接地”清单项目工作内容还包括孔的开挖与回填	

续表

序号	项目名称	审核要点	审核原则	备注
8.5	深井接地	清单工作内容含: （1）电极安装。 （2）电缆敷设。 （3）单体调试	工作内容未包含钻井费用，发生时选用建筑清单	
9	通信系统			
9.1	光纤数字传输设备	清单工作内容含: （1）安装固定、接地。 （2）单机性能测试。 （3）复用设备调试 。 （4）安装调测监控或网管设备	（1）PTN设备安装调测参照SDH。 （2）清单工作内容含单机性能测试、复用设备调试、安装调测监控或网管设备。 （3）“光纤数字传输设备”清单项目适用于PDH光端机、SDH光端机、复用电端机。 （4）“光纤数字传输设备”以“端”为计量单位，用于分叉复用器（ADM）时为2个光方向的设备安装、调试工作内容；用于终端复用器（TM）时为1个光方向的设备安装、调试工作内容	
	光纤数字传输设备接口单元盘（SDH）	清单工作内容含: （1）板卡安装。 （2）性能测试		
9.2	基本子架及公共单元盘	清单工作内容含: （1）机盘测试、调整。 （2）网管数据检测、修改。 （3）复用调试	“基本子架及公共单元盘”清单项目适用于SDH光端机、密集波分复用设备（DWDM）的基本子架及公共单元盘，含网管数据检测、修改及复用调试	

续表

序号	项目名称	审核要点	审核原则	备注
9.3	光功率放大器、转换器	清单工作内容含: （1）安装固定。 （2）单机性能测试	“光功率放大器、转换”清单项目适用于光功率放大器、光转换器、协议转换器等	
9.4	数字通信通道调测	清单工作内容含: （1）系统调测。 （2）光纤设备配合。 （3）保护倒换功能测试	清单项目以“端”为计量单位，一收一发为一“端”	
9.5	无源光网络设备	清单工作内容含: （1）安装固定、接地。 （2）通电检查。 （3）单机性能调测	适用于光分路器、光网络单元、光线路终端单元等PON设备	
9.6	无源光网络系统联调	清单工作内容含：系统联调		
9.7	通信数字同步网系统联调	清单工作内容含：系统联调		
9.8	软交换设备	清单工作内容含: （1）安装固定、接地。 （2）通电检查。 （3）本机指标测试	适用于核心软交换设备、综合网关设备、IAD接入设备、应用服务设备、IP话务台设备、软交换网关设备	

续表

序号	项目名称	审核要点	审核原则	备注
9.8	软交换设备系统联调	清单工作内容含： （1）软件安装。 （2）配置软交换设备、板卡信息。 （3）系统联调		
9.9	网络设备	清单工作内容含： （1）安装固定、接地。 （2）通电检查、单机性能调测。 （3）系统性能测试。 （4）联试安全保护	适用于路由器、交换机、宽带接入设备、服务器、防火墙设备以及其他网络安全设备	
9.10	管道光缆	清单工作内容含： （1）材料运输、装卸。 （2）保护管敷设。 （3）沟内人工敷设穿子管光缆。 （4）打穿墙洞、安装支承物。 （5）电缆沟揭盖盖板。 （6）人工开挖路面	工作内容包括光缆单盘测试、光缆接续、光缆测试、顶管外的其他光缆敷设过程中的全部工作内容	
9.11	室内光缆	清单工作内容含： （1）敷设光缆。 （2）保护管敷设。 （3）打穿墙洞、安装支承物		

续表

序号	项目名称	审核要点	审核原则	备注
9.11	光缆单盘测试	清单工作内容含： （1）单盘测量。 （2）记录数据		
	光缆接续	清单工作内容含： （1）纤芯熔接。 （2）冷接子接续。 （3）复测衰减。 （4）安装接头盒		
	光缆测试	清单工作内容含： （1）光纤特性测试。 （2）光纤试通测试。 （3）记录数据		
9.12	机架、分配架、敞开式音频配线架	清单工作内容含： （1）安装固定、接地。 （2）端子板安装。 （3）告警信号装置安装。 （4）设备底座安装。 （5）接地连线	分配架包含光纤分配架、数字分配架、音频分配架、网络分配架、综合分配架	
9.13	布放线缆	清单工作内容含： （1）布放线缆。 （2）制作端头。 （3）整理。 （4）试通		

续表

序号	项目名称	审核要点	审核原则	备注
9.14	配线架布放跳线	清单工作内容含: (1)布放跳线。 (2)绑扎。 (3)卡线		
9.15	放绑软光纤	清单工作内容含: (1)放线。 (2)绑扎		
9.16	固定线缆	清单工作内容含: (1)放线。 (2)绑扎。 (3)制作端头		
9.17	公共设备	清单工作内容含: (1)公共设备安装。 (2)单机性能测试。 (3)互联、检测调试		
9.18	模块	清单工作内容含: (1)模块安装。 (2)模块调测		
9.19	业务接入、割接	清单工作内容含: (1)业务校核、接入、割接。 (2)用户数据、功能调试		
10	分系统调试			

续表

序号	项目名称	审核要点	审核原则	备注
10.1	变压器系统调试	清单工作内容含：分系统调试	“变压器系统调试”包括变压器系统内各侧间隔设备的系统调试工作，不再单列各侧间隔设备的分系统调试清单项目	
10.2	交流供电系统调试	清单工作内容含：送配电设备分系统调试	（1）交流供电间隔类型指进出线、母联、母分、备用等。 （2）“交流供电系统调试”清单项目用于400V供电系统时，只适用于直接从母线段输出的带保护的送配电系统	
10.3	母线系统调试	清单工作内容含：分系统调试	“母线系统调试”清单项目只适用于装有电压互感器的母线段	
10.4	故障录波系统调试	清单工作内容含：分系统调试	“故障录波系统调试”清单项目适用于变电站公用的故障录波系统调试工作，变压器、送配电设备保护等系统的故障记录仪调试工作包括在各相应系统调试清单项目工作内容中	
10.5	同步相量系统(PMU)调试	清单工作内容含：分系统调试	按站计算	
10.6	变电站时间同步分系统调试	清单工作内容含：分系统调试	按站计算	
10.7	同期系统调试	清单工作内容含：分系统调试	按站计算	
10.8	直流电源系统调试	清单工作内容含： （1）直流电源分系统调试。 （2）直流供电500V以下送配电设备分系统调试	按站计算	

续表

序号	项目名称	审核要点	审核原则	备注
10.9	事故照明及不间断电源系统调试	清单工作内容含： （1）事故照明分系统调试。 （2）不间断电源分系统调试。 （3）站用电切换及备用电源自动投入装置分系统调试。 （4）交流供电400V配继电保护送配电设备分系统调试。 （5）直流供电500V以下送配电设备分系统调试	按站计算	
10.10	中央信号系统调试	清单工作内容含： （1）中央信号分系统调试。 （2）安全稳定分系统调试	按站计算	
10.11	微机监控、五防系统调试	清单工作内容含： （1）微机监控分系统调试。 （2）五防分系统调试。 （3）无功补偿分系统调试。 （4）时间同步分系统调试	“微机监控、五防系统调试”清单项目工作内容中的无功补偿系统是指独立配置的系统，非独立配置的无功补偿系统调试工作包括在变压器、送配电设备保护等系统调试清单项目工作内容中	

续表

序号	项目名称	审核要点	审核原则	备注
10.12	保护故障信息系统调试	清单工作内容含： （1）子（分）站分系统调试。 （2）主站接入变电站的分系统调试	按站计算	
10.13	电网调度自动化系统调试	清单工作内容含：电网调度自动化系统数据主站接入变电站的分系统调试	（1）调度端（站）指县调、地调、省调等，各数据主站指“调度自动化系统”“继电保护和故障录波信息管理系统”“配电自动化系统”“电能量计量系统”“大客户负荷管理系统”“信息安全测评系统（等级保护测评）”“调度数据网”等。 （2）对于“R22电网调度自动化系统调试”“R24二次系统安全防护系统接入变电站调试”“R26信息安全测评系统（等级保护测评）接入变电站调试”清单项目，按不同的调度端站名称以特征顺序码加以区别	
10.14	二次系统安全防护系统调试	清单工作内容含：变电站二次系统安全防护分系统调试	对于“R22电网调度自动化系统调试”“R24二次系统安全防护系统接入变电站调试”“R26信息安全测评系统（等级保护测评）接入变电站调试”清单项目，按不同的调度端站名称以特征顺序码加以区别	
10.15	二次系统安全防护系统接入变电站调试	清单工作内容含：电网调度自动化系统数据主站安全防护分系统接入变电站的调试	对于“R22电网调度自动化系统调试”“R24二次系统安全防护系统接入变电站调试”“R26信息安全测评系统（等级保护测评）接入变电站调试”清单项目，按不同的调度端站名称以特征顺序码加以区别	

续表

序号	项目名称	审核要点	审核原则	备注
10.16	信息安全测评系统（等级保护测评）调试	清单工作内容含：变电站信息安全测评分系统（等级保护测评）调试	对于“R22电网调度自动化系统调试”“R24二次系统安全防护系统接入变电站调试”“R26信息安全测评系统（等级保护测评）接入变电站调试”清单项目，按不同的调度端站名称以特征顺序码加以区别	
10.17	信息安全测评系统（等级保护测评）接入变电站调试	清单工作内容含：电网调度自动化系统数据主站信息安全测评分系统（等级保护测评）接入变电站的调试	对于“R22电网调度自动化系统调试”“R24二次系统安全防护系统接入变电站调试”“R26信息安全测评系统（等级保护测评）接入变电站调试”清单项目，按不同的调度端站名称以特征顺序码加以区别	
10.18	网络报文监视系统调试	清单工作内容含：分系统调试	按站计算	
10.19	智能辅助系统调试	清单工作内容含：分系统调试	按站计算	
10.20	状态检测系统调试	清单工作内容含：分系统调试	按站计算	
10.21	交直流电源一体化系统调试	清单工作内容含：分系统调试	“交直流电源一体化系统调试”清单项目适用于交直流电源一体化配置的情况，该清单项目与其余直流电源系统调试清单项目不同时使用	
10.22	信息一体化平台调试	清单工作内容含：分系统调试	按站计算	
11	整套系统调试			
11.1	试运行	清单工作内容含：变电站试运行	按站计算	

续表

序号	项目名称	审核要点	审核原则	备注
11.2	监控调试	清单工作内容含：监控系统启动调试	按站计算	
11.3	电网调度自动化系统调试	清单工作内容含：电网调度自动化系统数据主站接入变电站的启动调试	（1）调度端（站）指县调、地调、省调等，各数据主站指“调度自动化系统”“继电保护和故障录波信息管理系统”“配电自动化系统”“电能量计量系统”“大客户负荷管理系统”“信息安全测评系统（等级保护测评）”“调度数据网”等。 （2）对于“U13电网调度自动化系统调试”清单项目，按不同的调度端站名称以特征顺序码加以区别	
11.4	二次系统安全防护调试	清单工作内容含：调度（主站端）、变电站（子站）二次系统安全防护的启动调试	按站计算	
11.5	试运专项测量	清单工作内容含：专项测量	“试运专项测量”清单项目适用于500、750、1000kV变电站（升压站）的试运专项测量，用于500kV站时，包括以下几种情况的专项测量：隔离开关拉、合空载变压器，投、切空载变压器，投、切无功设备，投、切线路，谐波测试等	
12	特殊试验			
12.1	变压器感应耐压试验带局部放电试验	清单工作内容含：绕组连同套管长时间感应耐压试验带局部放电试验	（1）变压器试验根据图示数量，以“台”为单位计量。500kV以下的变压器是按三相/台考虑，500kV及以上的变压器是按单相台考虑。 （2）变压器长时间感应耐压试验带局部放电试验，110kV及以上电压等级变压器计列，35kV变压器不计列。 （3）变压器绕组连同套管的长时感应耐压试验带局部放电测量，如单做感应耐压试验定额乘以系数0.5、单做局部放电试验定额乘以系数0.8	

续表

序号	项目名称	审核要点	审核原则	备注
12.2	变压器感应耐压试验	清单工作内容含：绕组连同套管长时间感应耐压试验	单独进行中性点耐压试验时，定额乘以系数0.1。	
12.3	变压器交流耐压试验	清单工作内容含：绕组连同套管交流耐压试验	110kV及以上电压等级变压器计列	
12.4	变压器绕组变形试验	清单工作内容含：绕组变形试验	35kV及以上电压等级变压器时变压器计列	
12.5	断路器耐压试验	清单工作内容含：耐压试验	110kV及以上电压等级断路器计列	
12.6	穿墙套管耐压试验	清单工作内容含：耐压试验	110kV及以上电压等级穿墙套管计列	
12.7	金属氧化物避雷器持续运行电压下持续电流测量	清单工作内容含：持续运行电压下持续电流测量	110kV及以上电压等级金属氧化物避雷器计列	
12.8	支柱绝缘子探伤试验	清单工作内容含：探伤试验	110kV及以上电压等级支柱绝缘子计列	
12.9	耦合电容器局部放电试验	清单工作内容含：局部放电试验	35kV及以上电压等级耦合电容器计列	
12.10	互感器局部放电试验	清单工作内容含：局部放电试验	35kV及以上电压等级互感器计列	
12.11	互感器耐压试验	清单工作内容含：耐压试验	110kV及以上电压等级互感器计列	

续表

序号	项目名称	审核要点	审核原则	备注
12.12	GIS(HGIS) 交流耐压试验	清单工作内容含：交流耐压试验	（1）交流耐压试验,110kV及以上电压等级计列，包括带断路器间隔和母线设备间隔。不再重复执行断路器、互感器交流耐压试验定额。 （2）同频同相交流耐压试验,新建工程不计列,扩建间隔工程若采用同频同相交流耐压技术时计列	
12.13	GIS(HGIS) 局部放电带电检测	清单工作内容含：局部放电带电检测	110kV及以上电压等级计列，包括带断路器间隔和母线设备间隔，不再重复执行断路器、互感器局部放电试验定额	
12.14	接地网阻抗测试	清单工作内容含：阻抗测试	新建变电站工程计列	
12.15	独立避雷针接地阻抗测试	清单工作内容含：阻抗测试	配置独立避雷针时计列	
12.16	接地引下线及接地网导通测试	清单工作内容含：导通测试	新建变电站工程，扩建主变压器、间隔工程计列	
12.17	电容器在额定电压下冲击合闸试验	清单工作内容含：额定电压下冲击合闸试验	110kV及以下电压等级电容器计列	
12.18	绝缘油试验	清单工作内容含： （1）取样。 （2）试验	（1）油浸式变压器计列，油浸式电抗器按同容量变压器计列。 （2）油浸式互感器计列，油浸式断路器参照计列	
12.19	SF_6气体试验	清单工作内容含： （1）取样。 （2）试验	（1）GIS（HGIS、PASS）SF_6气体综合试验,GIS（HGIS、PASS）设备计列。 （2）断路器 SF_6气体综合试验,敞开式断路器计列，敞开式互感器参照计列。 （3）SF_6气体全分析试验,新建、扩建含 SF_6气体设备时计列	

续表

序号	项目名称	审核要点	审核原则	备注
12.20	表计校验		（1）关口电能表误差校验、数字化关口电能表误差校验，关口电能表计列。 （2）SF_6密度继电器、气体继电器计列。 （3）“表计校验”适用于电能表、SF_6密度继电器、气体继电器等	
12.21	互感器误差测试		（1）35kV及以上电压等级互感器计列。 （2）10kV关口计量互感器计列	
12.22	电压互感器二次回路压降测试		（1）计量用（母线）电压互感器计列。 （2）线路电压互感器不计列。 （3）电压互感器与电能表集成安装在开关柜时不计列	
12.23	计量二次回路阻抗（负载）测试		（1）计量用电流互感器、电压互感器计列。 （2）线路电压互感器不计列。 （3）互感器与电能表集成安装在开关柜时不计列	

4.2.2 甲供物资

序号	项目名称	审核要点	审核原则	备注
1	甲供物资	甲供设备、材料规格型号、数量及费用金额	规格型号及数量依据竣工图纸，单价依据采购合同价	

4.2.3 其他费用

序号	项目名称	审核要点	审核原则	备注
1	拆除工程项目清单计价	工程量	依据设计图纸标示计算	

续表

序号	项目名称	审核要点	审核原则	备注
2	发包人供应设备、材料卸车保管费	费率	依据合同约定的费率计算	
3	施工企业配合调试费	费率	依据合同约定的费率计算	
4	人工、材料、机械台班价格调整计价	费率	依据合同约定及定额调整文件计算	
5	人员管理系统	费用	预算价格、中标价格、购置（租赁）合同发票价格	
6	视频监控系统	费用	预算价格、中标价格、购置（租赁）合同发票价格	

4.3 架空线路工程

4.3.1 架空部分审核要点及原则

序号	项目名称	审核要点	审核原则	备注
1	基础工程			
1.1	基础土石方	线路复测分坑	按设计图示数量根据项目特征计算，注意区分杆、塔、高低腿等项目特征	
		地质判定	严格按照地质勘察报告和定额地质定义说明区分地质	

续表

序号	项目名称	审核要点	审核原则	备注
1.1	基础土石方	余土外运	一般不予考虑，但城区等其他不宜堆放弃土或有环保水保要求的地方，可按现场签证方案中的运距、土石方数量据实计算	
		基坑开挖	按设计图示尺寸及地质判定区分坑深按照净量计算，新增清单时，定额工程量按照放坡量计算，土石方体积按天然密石体积计算	
		挖孔基础	按设计图示尺寸，以体积计算，同一孔中不同土质，根据地质勘测资料，分层计算工程量（挖孔基础包含掏挖基础、岩石嵌固式基础、挖孔桩基础）	
1.2	基础钢材	一般钢筋、钢筋笼、插入角钢	按设计图示尺寸，以质量计算，包含地栓箍筋工程量，地脚螺栓中的定位板为乙供材料，如无单独清单，应列入本项中	
		地脚螺栓	按设计图示尺寸，以质量计算	
1.3	混凝土工程	垫层	按设计图示尺寸，区分项目特征中的类型，以体积计算	
		现浇基础	按设计图示尺寸，区分项目特征中的类型名称、基础混凝土强度等级、定额步距，以体积计算，注意步距为每个基础量，不是每基基础量	
		联系梁	按设计图示尺寸，区分项目特征中的基础混凝土强度等级、定额步距，以体积计算	
		挖孔基础	按设计图示尺寸，区分项目特征中的类型名称、基础混凝土强度等级，以体积计算，新增清单时，定额量要增加设计量7%的充盈量，但若采用基础护壁时，不计算充盈量	
		灌注桩成孔	按设计图示尺寸及地质判定，区分项目特征中的地质类别、步距，以孔深长度计算	

续表

序号	项目名称	审核要点	审核原则	备注
1.3	混凝土工程	灌注桩浇制	按设计图示尺寸，区分项目特征中的基础混凝土强度等级、步距，以体积计算，新增清单时，定额量要增加设计量17%的充盈量	
		挖孔基础护壁	按设计图示尺寸，区分项目特征中的护壁类型、混凝土强度等级，以体积计算，新增清单时，定额量要增加设计量17%的充盈量	
		保护帽	按设计图示尺寸，区分项目特征中的混凝土强度等级，以体积计算	
1.4	基础防护	防腐	按设计图示尺寸，以面积量计算	
2	杆塔工程			
2.1	杆塔组立	钢管杆组立	按设计图示数量，区分组立型式、步距，以质量计算，钢管杆质量包含杆身自重和横担、叉梁、脚钉、爬梯、拉线抱箍、防鸟刺等全部杆身组合构件的质量，不包含基础、接地、拉线组、绝缘子金具串的质量	
		自立塔组立	按设计图示数量，区分结构类型、塔高及每米塔重范围，以质量计算，注意采用的铁塔高度为铁塔全高，自立塔质量包含塔身自重、脚钉、爬梯、电梯井架、螺栓、防鸟刺等全部塔身组合构件的质量，不包含基础、接地、绝缘子金具串的质量	
2.2	杆塔附件	标识牌	按设计图示数量计算，注意清单内的标志牌、警示牌材料费是否误列为乙供材料	
		永久质量责任牌计列	按设计图示数量计算，材料乙供	

续表

序号	项目名称	审核要点	审核原则	备注
3	接地工程			
3.1	接地土石方	接地土质类别	按设计图示数量计算，一般应为普通土	
3.2	接地安装	接地形式	按设计图示数量计算，区分接地形式	
4	架线工程			
4.1	导地线架设	张力架线	按设计图示长度，以线路亘长计算，区分架设方式、导线型号、规格、回路数、相数、相分裂数	
		避雷线架设	按设计图示长度，以线路亘长计算，区分架设方式、导线型号、规格	
		OPGW架设	按设计图示长度，以线路亘长计算，区分架设方式、导线型号、规格，如果是两根同类型光缆，数量乘以2	
		引绳展放	人工引绳展放 = 线路长度 × 回路数；飞行器引绳展放 = 线路长度 × 回路数。采用飞行器展放时，可计取飞行器租赁费	
4.2	跨越架设	交叉跨越	按设计图示数量计算，区分在建线路回路数的不同，跨越电力线需要核实被跨越电力线回路数及带电状态；跨越公路（含高速公路）需核实车道数	
		跨越高铁	本体计取跨越架费用，按照签证及施工组织方案计列，其他费用中计取协调费	
5	附件安装工程			

续表

序号	项目名称	审核要点	审核原则	备注
5.1	附件安装工程	耐张串、悬垂串、跳线串等	按设计图示数量计算，区分金具串名称、金具串型号、绝缘子型号、组合串联型式、导线分裂数	
		OPGW防振锤	按设计图示数量计算，选用其他金具清单	
		光缆金具	包含在OPGW架设清单组价中，不需单独计列	
6	辅助工程			
6.1	辅助工程	护坡、挡土墙、降基面等	按设计图示尺寸，以体积计算，挡土墙若发生钢筋制作工程量，基础钢材的相应清单项目计列	
		防鸟刺	防鸟板、防鸟罩、机械式驱鸟器安装执行“防鸟刺安装”定额，电子式驱鸟器安装执行“驱鸟器安装”定额	
		耐张线夹X射线探伤	按照设计数量，以“基”为单位	
		“三跨”相关装置费用	按设计图示数量计算	
6.2	调试	输电线路试运行	按设计图示数量计算	
7	措施项目			
7.1	措施项目	施工道路	按设计图示尺寸，以面积计算	
		施工降水	根据签证及以施工组织设计方案据实计列	

续表

序号	项目名称	审核要点	审核原则	备注
8	拆除工程			
8.1	拆除项目	拆旧物资运输装卸费	按设计图示数量计算，拆除的铁塔、导线需提供废旧物资回收单	
		拆除段跨越	拆除段涉及一般跨越（高速公路、铁路、河流等）、带电跨越，按设计图示数量计算	
9	材料价格	材料价格	新增清单涉及主材价格时，地材按照施工期内平均价计列，其他乙供主材按照发票价或当地信息价计列	

4.3.2 甲供物资

序号	项目名称	审核要点	审核原则	备注
1	甲供物资	甲供设备、材料规格型号、数量及费用金额	规格型号及数量依据竣工图纸及定额损耗，单价依据采购合同价	

4.3.3 其他费用

序号	项目名称	审核要点	审核原则	备注
1	发包人供应设备、材料卸车保管费	费率	依据合同约定的费率计算	
2	施工企业配合调试费	费率	依据合同约定的费率计算	
3	人工、材料、机械台班价格调整计价	费率	依据合同约定及定额调整文件计算	
4	建设场地征占用及清理费	计价依据	提供相应的支撑资料（租地合同、付款凭证），并与中标费用作对比取低值	

4.4 电缆线路工程

4.4.1 电缆部分审核要点及原则

序号	项目名称	审核要点	审核原则	备注
1	电缆线路建筑工程			
1.1	土石方工程	土方开挖及回填	严格按照地质勘察报告和定额地质定义说明区分地质，以原地面线以下按构筑物最大水平投影面积乘以挖土深度（原地面平均标高至槽坑底高度）计算，新增清单定额用放坡量计算，注意土石方体积按天然密实体积计算，排管操作裕度0.5m，工井0.8m	
		开挖路面	按设计图示尺寸，以体积计算，核实路面类型、路面厚度及路面结构形式	
		修复路面	按设计图示尺寸，以体积计算，核实路面类型、路面厚度及路面结构形式	
1.2	钢筋、预制构件工程	钢筋、预埋铁件、钢构件	按设计图示尺寸，以质量计算，“钢构件”包含电缆建筑工程中所有钢构件，如钢格栅、钢平台等	
		预制混凝土件	以m^3为计量，按设计图示尺寸计算；以套为计量，按设计图示数量计算；以块为计量，按设计图示数量计算	
1.3	直埋电缆垫层及盖板	直埋电缆垫层及盖板	按设计图示尺寸，以体积计算	

续表

序号	项目名称	审核要点	审核原则	备注
1.4	电缆沟、浅槽	砖砌电缆沟、浅槽	按设计图示尺寸，以体积计算，清单量包括砌体与混凝土数量总和，不含垫层、集水坑、井筒、盖板体积	
		混凝土电缆沟、浅槽	按设计图示尺寸，以体积计算	
		电缆标志桩	随电缆敷设组价，无单列清单	
		支撑搭拆数量	按路径单侧长度，扣除工作井部分	
1.5	工作井	砌筑工作井	按设计图示尺寸，以体积计算，设计图纸所示尺寸体积为实体体积，包括砌体与混凝土数量总和应扣除人孔、井壁凸口等孔洞及垫层、集水坑、井筒、盖板体积	
		混凝土工作井	按设计图示尺寸，以体积计算	
1.6	电缆埋管工程	排管浇筑	按设计图示尺寸，以排管体积减内衬管体积计算	
		排管浇筑的内衬管	排管浇制定额不包括内衬管安装及材料，发生时，套用相应定额并计列材料。放在排管浇筑清单下组价，项目特征加以描述	
		电缆保护管敷设	按设计图示尺寸，以单线中心线长度计算，扣除检查井长度	
		管道顶进	按设计图示尺寸，以长度计算	
		水平导向钻进	按设计图示尺寸，以长度计算	
		顶电缆保护管	按设计图示尺寸，以长度计算	
1.7	隧道	隧道	参照变电建筑套用相应定额	
1.8	措施项目	井点降水	根据签证及以施工组织设计方案据实计列	
		施工道路	按设计图示尺寸，以面积计算	

续表

序号	项目名称	审核要点	审核原则	备注
2	电缆线路安装工程			
2.1	电缆桥、支架制作安装	电缆桥架	按设计图示尺寸，以长度计算，区分材质、型式、规格、断面、防腐形式及要求	
		电缆支架	按设计图示尺寸，以长度计算，区分材质、型式、防腐形式及要求	
2.2	电缆敷设	电缆敷设	按照设计电缆材料长度计列（包括波形敷设、接头、两端裕度及损耗等），定额按“m/三相”计列，清单按“m”计列。	
		揭盖电缆沟盖板	揭和盖算一次	
2.3	电缆附件	电缆头、接地箱、避雷器、支持绝缘子	按设计图示数量计算	
		接地电缆、同轴电缆	接地电缆、同轴电缆安装不单独列清单，放在接地箱安装清单下组价	
2.4	电缆防火	防火清单工程量及单位的确定	防火带、防火槽计量单位为“m”，防火涂料、防火墙、防火隔板计量单位为“m^2”，防火弹计量单位为“套”，孔洞防火封堵计量单位为“t”。如遇结算时已有争议或不好确定的，可修正单位，如“支”可换算为“L”	
2.5	调试及试验	电缆交流耐压试验	按回路数计算。 110kV电缆主绝缘耐压试验套用220kV电缆主绝缘耐压试验定额乘0.7系数，在同一地点做两回路及以上实验时，从第二回路按60%计算	
		电缆局部放电试验	按接头个数计算	

续表

序号	项目名称	审核要点	审核原则	备注
3	材料价格	材料价格	新增清单涉及主材价格时，地材按照施工期内平均价计列，其他乙供主材按照发票价或当地信息价计列	

4.4.2 甲供物资

项目名称	审核要点	审核原则	备注
甲供物资	甲供设备、材料规格型号、数量及费用金额	规格型号及数量依据竣工图纸及定额损耗，单价依据采购合同价	

4.4.3 其他费用

序号	项目名称	审核要点	审核原则	备注
1	发包人供应设备、材料卸车保管费	费率	依据合同约定的费率计算	
2	施工企业配合调试费	费率	依据合同约定的费率计算	
3	人工、材料、机械台班价格调整计价	费率	依据合同约定及定额调整文件计算	

5

输变电工程结算常见问题清单

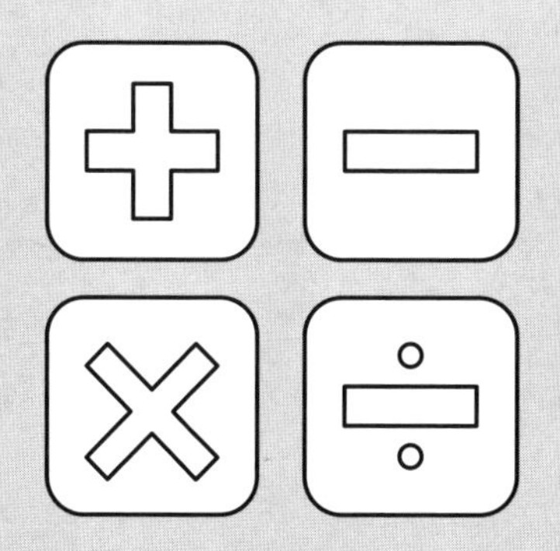

5.1 变电站建筑工程

序号	结算项目	结算项目问题描述	审核原则	审核依据	备注
	施工合同结算项目				
（一）	分部分项工程量清单部分				
一	主要生产建筑				
1	主控通信楼				
1.1	一般土建				
1.1.1	土石方工程				
1.1.1.1	挖土方	（1）竣工图纸、地勘报告与项目特征土质不一致。 （2）工程量计算问题	根据清单计算规则、竣工图示尺寸、地勘报告与结算进行核对	（1）执行基建技经〔2021〕51号《国网基建部关于加强输变电工程设计施工结算“三算”核查的意见》。 （2）施工合同、地质报告、设计变更、验槽记录、竣工图纸	
1.1.1.2	挖石方	（1）竣工图纸、地勘报告与项目特征土质不一致。 （2）工程量计算问题	根据清单计算规则、竣工图示尺寸、地勘报告与结算进行核对	施工合同、地质报告、设计变更、验槽记录、竣工图纸	

续表

序号	结算项目	结算项目问题描述	审核原则	审核依据	备注
1.1.1.3	回填土	（1）回填材质与图纸不一致。 （2）工程量计算问题	根据清单计算规则、竣工图示尺寸、地勘报告与结算进行核对；开挖及回填工程量应符合逻辑	施工合同、竣工图纸、验槽记录、设计变更	
1.1.1.4	余方弃置	施工运距与清单项目特征运距不一致	根据清单计算规则、竣工图示尺寸、工程签证与结算进行核对	施工合同、竣工图纸、工程签证、附运距图、渣土弃置资料	
1.1.2	基础工程	（1）基础材质与图纸不一致。 （2）工程量计算问题	根据清单计算规则、竣工图示尺寸、工程签证与结算进行核对；按实体积计算，清单垫层工程量不需计入	施工合同、竣工图纸、设计变更	
1.1.3	基础防水层	（1）防水层材质、型号与图纸不一致。 （2）工程量计算问	根据清单计算规则、竣工图示尺寸与结算进行核对；基础表面面积	施工合同、竣工图纸、设计变更	
1.1.4	基础防腐层	（1）防腐层材质、型号与图纸不一致。 （2）工程量计算问题	根据清单计算规则、竣工图示尺寸与结算进行核对；基础表面面积	施工合同、竣工图纸、设计变更	
1.1.5	混凝土柱、梁、墙、板	（1）混凝土柱、梁、墙、板材质与图纸不一致。 （2）工程量计算问题	根据清单计算规则、竣工图示尺寸与结算进行核对；按实体积计算	施工合同、竣工图纸、设计变更	

续表

序号	结算项目	结算项目问题描述	审核原则	审核依据	备注
1.1.6	钢筋	（1）钢筋种类、规格与图纸不一致。 （2）工程量计算问题	根据清单计算规则、竣工图示尺寸与结算进行核对	施工合同、竣工图纸、设计变更	
1.1.7	预埋铁件	（1）预埋铁件、防腐种类，规格与图纸不一致。 （2）工程量计算问题	根据清单计算规则、竣工图示尺寸与结算进行核对；按照单位质量计算	施工合同、竣工图纸、设计变更	
1.1.8	钢结构（包括地脚螺栓檩条）	（1）钢结构材质、型号与图纸不一致。 （2）工程量计算问题。 （3）钢结构材料的甲、乙供问题	根据清单计算规则、竣工图示尺寸与结算进行核对；按照单位质量计算	施工合同、竣工图纸、设计变更；物资采购合同	
1.1.9	钢结构防腐	（1）防腐涂料材质、型号与图纸不一致。 （2）工程量计算问题。 （3）钢结构防腐材料的甲、乙供问题	根据清单计算规则、竣工图示尺寸与结算进行核对；按照单位质量计算	施工合同、竣工图纸、设计变更	
1.1.10	钢结构防火	（1）钢结构的防火时间与图纸不一致。 （2）工程量计算问题。 （3）钢结构防火材料的甲、乙供问题	根据清单计算规则、竣工图示尺寸与结算进行核对；按照单位质量计算	施工合同、竣工图纸、设计变更	

续表

序号	结算项目	结算项目问题描述	审核原则	审核依据	备注
1.1.11	钢结构外墙	（1）纤维水泥复合板（防火墙一侧）、金属墙板（非防火墙一侧）与图纸不一致。 （2）工程量计算问题。 （3）墙板材料的甲、乙供问题	根据清单计算规则、竣工图示尺寸与结算进行核对；按净面积计算，扣减门窗以及大于 $0.3m^2$ 的洞口	施工合同、竣工图纸、设计变更	
1.1.12	钢结构内隔墙	（1）外墙内侧、内隔墙板石膏板与图纸不一致。 （2）工程量计算问题	根据清单计算规则、竣工图示尺寸与结算进行核对；按净面积计算，扣减门窗以及大于 $0.3m^2$ 的洞口，另外高度需计算到板底	施工合同、竣工图纸、设计变更	
1.1.13	外墙（内墙）装饰	（1）外墙、内墙装饰与图纸不一致。 （2）钢丝网抹灰，与屏蔽网的区别。 （3）工程量计算问题	根据清单计算规则、竣工图示尺寸与结算进行核对；计算面积，需扣减门窗以及大于 $0.3m^2$ 的洞口；内墙另外高度需计算到板底	施工合同、竣工图纸、设计变更	
1.1.14	屋面防水	（1）防水层的材质及厚度，相应水泥砂浆的规格及厚度材质与图纸不一致。 （2）工程量计算问题	根据清单计算规则、竣工图示尺寸与结算进行核对；以面积计算	施工合同、竣工图纸、设计变更	

续表

序号	结算项目	结算项目问题描述	审核原则	审核依据	备注
1.1.15	屋面保温	（1）保温层的材质及厚度，相应水泥砂浆的规格及厚度与图纸不一致。 （2）工程量计算问题	根据清单计算规则、竣工图示尺寸与结算进行核对；以面积计算	施工合同、竣工图纸、设计变更	
1.1.16	散水、台阶、坡道	（1）散水的基层、垫层以及面层厚度，台阶坡道的基层、垫层以及面层厚度与图纸不一致。 （2）工程量计算问题	根据清单计算规则、竣工图示尺寸与结算进行核对	施工合同、竣工图纸、设计变更	
1.1.17	地面、楼面	（1）地面垫层基础厚度、地面（楼面）面层材质、做法与图纸不一致。 （2）工程量计算问题	按面积计算，需扣除室内沟道、洞口所占的面积	施工合同、竣工图纸、设计变更	
1.1.18	室内（室外）电缆沟道、隧道	需注明电缆沟尺寸，以及垫层、底板、壁板的厚度及混凝土强度等级，防水砂浆厚度及种类，电缆沟支架划分在电气安装工程中	根据清单计算规则、竣工图示尺寸与结算进行核对；以中心线长度计算	施工合同、竣工图纸、设计变更	
1.1.19	室内、室外电缆沟盖板	（1）电缆沟盖板材质、尺寸与图示不一致。 （2）工程量计算问题	根据清单计算规则、竣工图示尺寸与结算进行核对；以面积计算	施工合同、竣丁图纸、设计变更	

续表

序号	结算项目	结算项目问题描述	审核原则	审核依据	备注
1.1.20	主变压器设备基础	（1）设备基础的类型、混凝土强度等级，垫层厚度及混凝土强度等级与图示不一致。 （2）工程量计算问题	根据清单计算规则、竣工图示尺寸与结算进行核对；按实体积计算，垫层工程量不需计入	施工合同、竣工图纸、设计变更	
1.2	给排水	（1）给排水与图示不一致。 （2）工程量计算问题	根据清单计算规则、竣工图示尺寸与结算进行核对；以建筑面积计算	施工合同、竣工图纸、设计变更	
1.3	通风及空调	（1）采暖通风与图示不一致。 （2）工程量计算问题。 （3）空调、风机等设备的甲、乙供问题	根据清单计算规则、竣工图示尺寸与结算进行核对；以建筑面积计算	施工合同、竣工图纸、设计变更	
1.4	照明接地	（1）照明接地与图示不一致。 （2）工程量计算问题。 （3）灯具、配电箱等设备、材料的甲、乙供问题	根据清单计算规则、竣工图示尺寸与结算进行核对；以建筑面积计算	施工合同、竣工图纸、设计变更	
2	配电装置建筑				
2.1	主变压器系统				

续表

序号	结算项目	结算项目问题描述	审核原则	审核依据	备注
2.1.1	主变压器设备基础	（1）设备基础的类型、混凝土强度等级，垫层厚度及混凝土强度等级与图示不一致。 （2）工程量计算问题	根据清单计算规则、竣工图示尺寸与结算进行核对；按实体积计算，垫层工程量不需计入	施工合同、竣工图纸、设计变更	
2.1.2	钢构支架（避雷针）	（1）质量计算问题。 （2）是否包括防腐层。 （3）消防水泵动力箱等设备的甲、乙供问题	根据清单计算规则、竣工图示尺寸与结算进行核对；按照单位质量计算	施工合同、竣工图纸、设计变更	
2.1.3	变压器油池	（1）变压器油池池壁、底板材质与图纸不一致。 （2）体积计算问题	（1）按设计图示尺寸，以体积计算。 （2）高从油池底板顶标高算至油池壁顶标高，面积＝油池净空长×油池净空宽。不扣除设备基础、油篦子及油池卵石所占的体积	施工合同、竣工图纸、设计变更	
2.1.4	事故油池	（1）材质型号与竣工图纸型号不一致。 （2）是否含有卷材防水。 （3）体积计算问题	按设计图示尺寸，以净空体积（容积）计算	施工合同、竣工图纸、设计变更	
2.1.5	站区地坪	站区地坪面层、垫层的材质及厚度与竣工图纸型号、工程量不一致	根据总平面布置图核实工程量按m^2计入	施工合同、竣工图纸、设计变更	

续表

序号	结算项目	结算项目问题描述	审核原则	审核依据	备注
3	供水系统				
3.1	深井	深井的直径及深度与竣工图纸不一致	根据竣工图纸与结算进行核对	施工合同、竣工图纸、打井记录、施工监理日志	
3.2	消防水池	（1）材质型号与竣工图纸型号不一致。 （2）是否含有卷材防水。 （3）体积计算问题	按设计图示尺寸，以净空体积（容积）计算	施工合同、竣工图纸、设计变更	
4	消防系统				
4.1	消防器材	消防器材的名称及规格与竣工图纸型号、工程量不一致	根据竣工图纸与结算进行核对	施工合同、竣工图纸、设计变更	
4.2	特殊消防	（1）排污泵、消防泵及立式稳压设备（水泵房的主要设备）、喷淋设备与竣工图纸型号、工程量不一致。 （2）消防水泵动力箱等设备的甲、乙供问题	根据竣工图纸与结算进行核对	施工合同、竣工图纸、设计变更	
5	站区性建筑				

续表

序号	结算项目	结算项目问题描述	审核原则	审核依据	备注
5.1	回填土	（1）回填方式、回填材质与竣工图纸做法不一致。 （2）工程量计算问题	根据清单计算规则、竣工图示尺寸与结算进行核对；按实体积计算	施工合同、竣工图纸、设计变更	
5.2	外购土方	（1）外购土方与竣工图纸做法不一致。 （2）工程量计算问题	根据清单计算规则、竣工图示尺寸与结算进行核对；按实体积计算	施工合同、竣工图纸、设计变更	
5.3	围墙（栏栅）	（1）围墙、栏栅的材质及厚度与竣工图纸不一致，以及是否有压顶及地圈梁。 （2）工程量计算问题。 （3）清单单位问题，是平方还是立方	根据清单计算规则、竣工图示尺寸与结算进行核对；按实体积或面积计算	施工合同、竣工图纸、设计变更	
6	特殊构筑物				
6.1	挡土墙	（1）挡土墙的材质、砂浆强度等级以及泄水管、灰土及卵石隔水层与竣工图纸做法不一致。 （2）工程量计算问题	（1）根据清单计算规则、竣工图示尺寸与结算进行核对；按实体积计算。 （2）需注意挡土墙的体积应根据场区土方工程图示标高乘以相应截面面积进行计算	（1）执行基建技经〔2021〕51号《国网基建部关于加强输变电工程设计施工结算“三算”核查的意见》。 （2）施工合同、竣工图纸、设计变更	

续表

序号	结算项目	结算项目问题描述	审核原则	审核依据	备注
6.2	护坡	（1）护坡的类型、材质、厚度与竣工图纸做法不一致。 （2）工程量计算问题、单位问题	（1）根据清单计算规则、竣工图示尺寸与结算进行核对；按实体积或面积计算。 （2）需注意护坡的体积应根据场区土方工程图示面积和相应截面厚度进行计算	（1）执行基建技经〔2021〕51号《国网基建部关于加强输变电工程设计施工结算“三算”核查的意见》。 （2）施工合同、竣工图纸、设计变更	
7	与站址有关的单项工程				
7.1	桩基工程	（1）地层情况、材质（材料强度、配合比、含量）桩长桩径、施工方法（成孔方法）、入岩深度、成孔土石类别等与图纸不一致。 （2）工程量计算问题	根据清单计算规则、图纸核实工程量按m^2或m计算	（1）执行基建技经〔2021〕51号《国网基建部关于加强输变电工程设计施工结算“三算”核查的意见》。 （2）施工合同、竣工图纸、设计变更、地质报告、隐蔽验收记录	
7.2	地基处理（材料置换）	（1）换填的材质、规格、强度与图纸不一致。 （2）工程量计算问题	根据图纸核实工程量按m^2或m计算	（1）执行基建技经〔2021〕51号《国网基建部关于加强输变电工程设计施工结算“三算”核查的意见》。 （2）施工合同、竣工图纸、设计变更、地质报告、隐蔽验收记录	

续表

序号	结算项目	结算项目问题描述	审核原则	审核依据	备注
7.3	站外道路	（1）路面、基层、垫层材质厚度等结算与竣工图纸做法不一致。 （2）工程量计算问题。 （3）垫层有灰土、碎石、毛石、水泥稳定碎石、素混凝土；面层有混凝土材质、沥青混凝土材质	根据图纸核实工程量按 m^2 计算，定额是按立方计入的	施工合同、竣工图纸、设计变更	
7.4	临时施工电源	（1）无图纸资料。 （2）施工电源采用的是架空线路还是电缆线路，以及线路的规格及材质、相应的设备名称	（1）根据竣工图纸与结算进行核对。 （2）变压器租赁费不计（仅计变压器高压侧以外的装置及线路）。 （3）电缆费用按1/3摊销	施工合同、竣工图纸、设计变更	
7.5	临时过渡方案	（1）无图纸资料。 （2）过渡方案采用的是架空线路还是电缆线路，以及线路的规格及材质、相应的设备名称	（1）根据竣工图纸、经审批后的临时过渡设计方案与结算进行核对。 （2）电缆费用按1/3摊销	施工合同、经审批的临时过渡方案、竣工图纸	

续表

序号	结算项目	结算项目问题描述	审核原则	审核依据	备注
7.6	施工降水	（1）降水的位置消防水池、事故油池、主控楼基础。 （2）降水方式明排水、轻型井点降水、喷射井点降水、大口径井点降水。 （3）以及运行时间工程量与图纸、签证资料不一致	（1）根据图纸、降水签证、经审批后的施工组织设计核实工程量按台 × 天或者 m、根计算。 （2）降水项目发生理论逻辑应符合挖土深度在地下水位线以下	施工合同、竣工图纸、工程签证、地勘报告、降水方案、地址报告、经审批的施工组织设计、监理日志确定施工方式和施工套 · 天时间	
7.7	边坡支护	临时边坡支护钢板桩材料费按0.2系数摊销计算	（1）根据施工图纸、经审批后的施工组织设计与结算进行核对。 （2）边坡支护项目发生理论逻辑应符合承载力较差地质情况	施工合同、竣工图纸、工程签证、地勘报告、经审批的边坡支护施工方案、监理日志	
（二）	其他项目费用				
1.1	人工、材料、机械台班价格调整计价	结算计价不准确	施工期不小于2个调差基准期时，按天执行加权平均调整系数	施工合同条款、调差文件、地材信息价	
1.2	桩基检测费	费用计取错误	需提供相应的支撑资料，并与中标费用作对比，依据合同规定其他项目费用相关条款进行结算	依据合同、招投标文件、桩基检测合同、报告、发票、付款凭证	

续表

序号	结算项目	结算项目问题描述	审核原则	审核依据	备注
2	建设场地占用及清理费	费用计取错误	需提供相应的支撑资料，并与中标费用作对比，依据合同规定其他项目费用相关条款进行结算	依据合同、招投标文件、租赁合同、付款凭证	
3	线路迁改费	费用计取错误	需提供相应的支撑资料，并与中标费用作对比，依据合同规定其他项目费用相关条款进行结算	依据合同、招投标文件、迁改部分竣工图纸以及相应的结算书	
4	拆除项目	无图纸资料	需提供相应的签证支撑资料，根据清单计算规则、竣工图示尺寸与结算进行核对	依据合同、招投标文件、竣工图纸、工程签证	
（三）	甲供物资				
1.1	钢结构	工程量计算问题	按竣工图示尺寸规格，按质量计算，与物资供货合同中的钢结构质量进行对比，确保两者工程量一致	依据竣工图纸、Q/GDW 11338—2014《变电工程工程量计价规范》、物资供货合同	
1.2	墙板（水泥纤维复合板、铝镁锰板）	工程量计算问题	按竣工图示尺寸规格，按平方计算，与物资采购供货合同中的墙板面积进行对比，确保两者工程量一致	依据竣工图纸、Q/GDW 11338—2014《变电工程工程量计价规范》、物资供货合同	

5.2 变电安装工程

序号	结算项目	结算项目问题描述	审核原则	审核依据	备注
一	施工合同结算项目				
（一）	分部分项工程量清单部分				
1	主变压器系统				
1.1	35～1000kV主变压器	（1）组价不准确。 （2）软母线、引下线等工程量统计不准确	根据竣工图，按照清单计价规范计取	（1）清单计价规范。 （2）施工合同。 （3）竣工图纸	
2	屋内外配电装置				
2.1	35～1000kV屋内外配电装置	（1）GIS结算数量按照定额计算规则计取，未按照清单计算规则计取。 （2）主母线长度仅计算设备间母线长度或按照甲供物资数量计算。 （3）重复计算分支母线安装费用	（1）按照竣工图、清单计算规则计取。 （2）应按照主母线中心线长度计算。 （3）分支母线不应计取	（1）清单计价规范。 （2）施工合同。 （3）竣工图纸	
3	无功补偿装置				
4	控制及直流系统				

续表

序号	结算项目	结算项目问题描述	审核原则	审核依据	备注
4.1	计算机监控系统	（1）柜体与装置重复计列。 （2）组价不准确	（1）依据竣工图统计，不得重复计取。 （2）根据清单描述组价	（1）清单计价规范。 （2）施工合同。 （3）竣工图纸	
4.2	继电保护	（1）柜体与装置重复计列。 （2）组价不准确	（1）依据竣工图统计，不得重复计取。 （2）根据清单描述组价	（1）清单计价规范。 （2）施工合同。 （3）竣工图纸	
4.3	直流系统及UPS	组价不准确	根据清单描述组价	（1）清单计价规范。 （2）施工合同。 （3）竣工图纸	
4.4	智能辅控系统	组价不准确	根据清单描述组价	（1）清单计价规范。 （2）施工合同。 （3）竣工图纸	
4.5	在线监测系统				
5	站用电系统				
5.1	站用变压器	组价不准确	根据清单描述组价	（1）清单计价规范。 （2）施工合同。 （3）竣工图纸	

续表

序号	结算项目	结算项目问题描述	审核原则	审核依据	备注
5.2	站用配电装置	户内照明配电箱计列错误	该部分划归于建筑专业中，安装专业不予计取	（1）清单计价规范。 （2）施工合同。 （3）竣工图纸	
5.3	站区照明	照明灯具数量计列不准确	该清单只适用于变电工程户外场地照明，户内照明应计列在建筑专业	（1）清单计价规范。 （2）施工合同。 （3）竣工图纸	
6	电缆及接地				
6.1	全站电缆				
6.1.1	电力电缆	电缆工程量与图纸不符，或直接按照甲供物资量计取	按照图纸清册量计取。分卷册与汇总表不一致时，以分卷册为准	（1）清单计价规范。 （2）施工合同。 （3）竣工图纸	
6.1.2	控制电缆	（1）电缆工程量与图纸不符，或直接按照甲供物资量计取。 （2）重复计取智能辅控系统配线	（1）按照图纸清册量计取。分卷册与汇总表不一致时，以分卷册为准。 （2）不得重复计取辅控系统配线	（1）清单计价规范。 （2）施工合同。 （3）竣工图纸	
6.1.3	电缆辅助设施	（1）电缆支架工程量计算不准确。 （2）电缆保护管数量计取不准确。重复计取建筑物内照明部分保护管	（1）按照建筑专业图纸核算。 （2）建筑物内配管应计列在建筑专业，安装不予计取	（1）清单计价规范。 （2）施工合同。 （3）竣工图纸	

续表

序号	结算项目	结算项目问题描述	审核原则	审核依据	备注
6.1.4	电缆防火	组价不准确、清单单位与竣工图纸或项目特征不匹配	根据清单描述组价，如招标清单与竣工图纸不匹配时，可重新组价	（1）清单计价规范。 （2）施工合同。 （3）竣工图纸	
6.2	全站接地	（1）重复计列建筑物避雷网计列错误 （2）预埋部分铁构件计列错误	建筑物避雷网、预埋铁件应计列在建筑专业中，安装不予计取	（1）清单计价规范。 （2）施工合同。 （3）竣工图纸	
7	通信及远动系统				
7.1	通信系统	（1）组价不准确。 （2）工程量统计不准确	根据清单描述组价、按照竣工图纸工程量统计	（1）清单计价规范。 （2）施工合同。 （3）竣工图纸	
7.2	远动及计费系统				
8	全站调试				
8.1	分系统调试	（1）组价不准确。 （2）部分间隔已套用变压器系统调试、母线系统调试，后又重复套用送配电系统调试	依据清单计价规范、竣工图纸、调试报告统计	（1）清单计价规范。 （2）施工合同。 （3）竣工图纸。 （4）调试报告	

续表

序号	结算项目	结算项目问题描述	审核原则	审核依据	备注
8.2	整套启动调试		依据清单计价规范、竣工图纸、调试报告统计	（1）清单计价规范。 （2）施工合同。 （3）竣工图纸。 （4）调试报告	
8.3	特殊调试	工程量计算不准确	依据清单计价规范、竣工图纸、调试报告统计	（1）清单计价规范。 （2）施工合同。 （3）竣工图纸。 （4）调试报告	
（二）	其他项目费用				
1	现场人员管理系统	现场管理人员系统资料支撑不全	以相关文件为计费依据，以施工单位、监理单位、建设单位三方签字盖章的现场人员管理系统方案（或签证）和专业分包协议、发票为计算依据，系统接入费用按照协议价格计入结算，依据55号文和方案算出的价格和专业分包协议价格低者计入结算	（1）租赁或购买合同、协议。 （2）发票	

5.3 架空线路工程

序号	结算项目	结算项目问题描述	审核原则	审核依据	备注
一	施工合同结算项目				
（一）	分部分项工程量清单部分				
1	基础工程				
1.1	土石方工程费	定额地质分类与地勘报告专业术语不匹配：电力定额土（石）质分类是根据普氏分类法编制的，一般分为普通土、坚土、松砂石等，而地质勘察报告中关于土质的描述是根据土性进行划分的，如淤泥、粉质黏土、细砂、强风化岩石等，两者对应关系无法确认，结算时存在争议	施工单位在过程验收及竣工验收前，及时依据施工图及设计变更与现场签证，提出过程分部结算或工程结算送审工程量；结算时提供四方签字盖章的《输变电工程设计、施工、结算“三量”核查表》、施工合同、监理日志、设计变更、现场签证、施工现场照片等过程资料确认地质，计入竣工结算	（1）执行基建技经〔2021〕51号《国网基建部关于加强输变电工程设计施工结算“三算”核查的意见》。 （2）设计变更与现场签证、照片、验收记录、施工日志、监理日志等过程资料。 （3）施工合同	

续表

序号	结算项目	结算项目问题描述	审核原则	审核依据	备注
1.2	基础防护	某工程中的基础防腐工程量中，中标工程量已明确，中标综合单价为0元/m^2，结算时，审价单位依据施工单位提供的现场签证资料重新组价予以调整，计入竣工结算	不予重新组价计入竣工结算中	Q/GDW 11337—2014《输变电工程工程量清单计价规范》中7.2.6的规定，未填写单价和合价的项目，视为此项费用已包含在招标工程量清单中其他项目的单价和合价之中。竣工结算时，此项目不得重新组价予以调整	
2	辅助工程	护坡、挡土墙结算问题： （1）施工图阶段考虑了护坡、挡土墙，原清单中有该部分工程量，结算时，竣工图纸中有护坡、挡土墙工程量，施工单位根据现场实际发现无需护坡、挡土墙，并未施工，审价单位结算时根据竣工图纸计入结算。 （2）施工阶段未考虑，根据现场实际情况需要新增护坡、挡土墙工程量	提供四方签字盖章的《输变电工程设计、施工、结算“三量”核查表》、监理日志、设计变更、施工现场照片等；审核人员对于“三量核查”重点的护坡、挡土墙工程应现场核实并留存记录，现场未施工的应与设计联系核实，落实现场实际情况并提供设计变更，落竣工图，现场无该工程量的不予结算，现场有的应根据竣工图纸、监理日志、施工日志及现场情况等计入结算	（1）执行基建技经〔2021〕51号《国网基建部关于加强输变电工程设计施工结算“三算”核查的意见》。 （2）执行国网（基建3）185—2014《国家电网公司输变电工程设计变更与现场签证管理办法》。 （3）设计变更与现场签证、照片、验收记录、施工日志、监理日志等过程资料。 （4）施工合同	

续表

序号	结算项目	结算项目问题描述	审核原则	审核依据	备注
3	防鸟挡板	结算计价不准确、支撑资料不全	出具运维部盖章用于本工程防鸟装置数量证明，以中标单价结算	运维部领用证明	
4	更换标志牌	更换本工程老、旧线路部分的标志牌，结算计价不准确、支撑资料不全	出具运维部盖章用于本工程标志牌数量证明，以中标单价结算	运维部领用证明	
5	拆除工程	拆除工程量无法确认计入结算： 1. 设计说明中的铁塔、导线、附件等物资拆除工程量与处置资产及废旧物资移交清册中的工程量有出入，如：移库清册中导线计量单位为“t”，结算单位为“km”，弧垂、损耗等无法确认。 2. 新增拆除工程量未提供支撑依据	（1）中标工程量中有拆除工程量的根据移交单位及接收单位签字盖章的处置资产及废旧物资移交清册中的物资量和竣工图纸确认工程量给予结算。 （2）新增拆除工程量，需提供设计变更，在竣工图上明确工程量，并提供移交单位及接收单位签字盖章的处置资产及废旧物资移交清册	（1）执行国网（物资2）127—2018《国家电网有限公司废旧物资管理办法》。 （2）执行《国网山东省电力公司报废物资资料归档作业指导书》。 （3）设计变更、监理日志、施工日志等	

续表

序号	结算项目	结算项目问题描述	审核原则	审核依据	备注
（二）	其他项目费用				
1	其他项目				
1.1	暂列金额/暂估价	结算计价不准确、支撑资料不全	提供图纸、采购发票等全套资料及对应预算书，按除税价结算	竣工图、采购发票	
1.2	人工、材料、机械台班价格调整计价	结算计价不准确	施工期不小于2个调差基准期时，按天执行加权平均调整系数	施工合同条款、调差文件、地材信息价	
1.3	现场人员管理系统	现场管理人员系统资料支撑不全，计列标准模糊	（1）以55号文为计费依据，以施工单位、监理单位、建设单位三方签字盖章的现场人员管理系统方案（或签证）和专业分包协议、发票为计算依据，系统接入费用按照协议价格计入结算，依据55号文和方案算出的价格和专业分包协议价格低者计入结算。 （2）招标未招：不予以结算	（1）执行《国家电网公司关于全面推广应用工程现场人员管理系统的通知》（国家电网基建〔2017〕438号）。 （2）国网基建部关于印发《工程现场人员管理系统费用计列暂行规定》的通知（基建技经〔2017〕55号）	方案应考虑设备的多次使用分摊问题，避免重复结算

续表

序号	结算项目	结算项目问题描述	审核原则	审核依据	备注
1.4	视频监控系统	结算计价不准确、支撑资料不全	（1）该费用不再单独列入特殊项目费用中，由安全文明施工费和项目法人管理费（工程信息化管理费）解决；编制招标限价等工作时可参考文件的模块配置和费用指标计列，结算阶段据实调整。 （2）招标阶段未单独招标的，理解为已含在安全文明施工费和项目法人管理费（管理信息化管理费）中，不予再结算	（1）视频监控系统采购合同、发票及配置方案。 （2）执行《国网基建部关于转发中电联电力建设工程定额和费用计算规定（2018年版）实施有关事项等文件的通知》	
1.5	跨铁路、高速在线监拍装置	结算计价不准确、支撑资料不全	（1）一笔性费用投标时，按投标结算。 （2）以“单价 × 数量”报价，数量发生变化时，需出具设计变更，提供采购发票，发票单价与中标单价取低结算。 （3）招标未列：出具设计变更，提供采购发票，按发票结算	采购合同、发票、设计变更	
1.6	桩基检测费	结算计价不准确、支撑资料不全	提供桩基检测报告： （1）一笔性费用投标时，按投标结算。 （2）以“单价 × 数量”投标时，检测数量提供工程量确认单：中标量按中标单价结算，超出中标部分按检测合同、发票单价结算	桩基检测报告、检测数量工程量确认单、检测合同、发票	

续表

序号	结算项目	结算项目问题描述	审核原则	审核依据	备注
1.7	灌注桩施工措施费	结算计价不准确、支撑资料不全	提供业主批准施工方案： （1）一笔性费用投标时，按投标结算。 （2）以“单价×数量”投标时，按图纸“数量×以中标单价”结算	业主批准施工方案、竣工图	
1.8	跨越高速（等级公路）、铁路、河道产权部门收费	结算计价不准确、支撑资料不全	（1）招标时在其他费中列项：提供支撑资料，按投标报价结算。 （2）招标时在建设场地征占用及清理费中列项或未招标：提供支撑资料，于建设场地征占用及清理费中据实结算	产权部门批准跨越方案、合同、收付款凭证	
1.9	飞行器租赁费	结算计价不准确、支撑资料不全	提供租赁合同，按中标结算	租赁合同	
1.10	10kV低压线路迁改工程	结算计价不准确、支撑资料不全	（1）招标阶段若已备注迁改工程规模，结算时，规模未变的，按照中标费用结算；工程规模发生变化，或迁改工程变化，需提供设计变更，依据设计变更及竣工图纸结算。 （2）招标阶段未标明迁改工程规模及迁改工程名称时，应根据竣工图纸计算，核算费用，根据实际费用与中标费用较低者结算	竣工图纸、迁改线路预算书、采购合同及发票、设计变更	

续表

序号	结算项目	结算项目问题描述	审核原则	审核依据	备注
1.11	筑岛修路（外购土方费用）	结算计价不准确、支撑资料不全	提供竣工图，明确工程量： （1）一笔性费用报价：提供筑岛修路的支撑资料，按中标价结算。 （2）以“单价 × 数量”报价，按“投标单价 × 竣工图数量”结算，提供筑岛修路支撑资料及图纸，工程量增加的需提供设计变更	竣工图、设计变更	
1.12	新冠肺炎疫情防控费用结算	新冠肺炎疫情防控费用结算要求不明确	提供新冠肺炎防控费用的现场签证及签证支撑资料，据实结算： （1）防控管理监督人员费用 = 人工工日数 × 人工工日单价（兼职人员不计列本费用）。 （2）现场被依法隔离人员费用：人工工日数 × 人工工日单价 + 当地政府或业主指定宾馆隔离费用；人工工日数按当地政府防疫要求在施工现场实施隔离人员数量和工日计算；当地政府或业主指定宾馆隔离费用按收费凭证计列；业主指定宾馆隔离费用标准参照当地政府指定宾馆标准执行；（按照山东省政府规定，宾馆费用计列30%），需提供住宿发票、隔离人员身份证、隔离人员登记表等。	（1）《国网基建部关于做好疫情防控全力恢复建设期间技经管理有关工作的通知》基建技经〔2020〕8号。 （2）《国网基建部关于规范开展输变电工程新冠肺炎疫情防控相关费用调整和计列的通知》（基建技经〔2020〕14号）。 （3）《关于进一步加强输变电工程新冠肺炎疫情防控相关费用、三维设计费用结算管理的通知》（建设部通知〔2020〕162号）。 （4）国网山东省电力公司关于转发《国网基建部关于规范开展输变电工程新冠肺炎疫情防控相关费用调整和计列的通知》的通知（鲁电建设〔2020〕180号）。	

续表

序号	结算项目	结算项目问题描述	审核原则	审核依据	备注
1.12	新冠肺炎疫情防控费用结算	新冠肺炎疫情防控费用结算要求不明确	（3）防疫用品费用：根据相关防疫方案和实际投入费用，按实际发生情况据实计列，提供人员考勤表、采购合同及发票等。 （4）疫情期间复工增加的人员调遣费用：人员、机械调遣及协调费用=按经审批的 调遣方案发生的实际费用-常规的交通费用。 （5）核酸费用（发票、政府文件，出勤人数）	（5）工程所在地政府发布的各种复工、疫情防控政策文件。 （6）疫情开始和疫情结束的证明材料（以政府正式发文为准），业主停工、开复工通知（证明），考勤记录，隔离人员记录，采购防疫物品发票等。 （7）出勤人数以e基建签到人数为准	
1.13	原有电缆隧道清淤	结算计价不准确、支撑资料不全	提供现场签证，按中标结算	现场签证	
1.14	临时供电过渡方案	结算计价不准确、支撑资料不全	提供施工方案，按中标结算	施工方案	
1.15	通信设施防输电线路干扰措施费	结算计价不准确	依据设计方案以及项目法人与通信部门签订的合同或达成的补充协议计算	《电网工程建设预算编制与计算规定（2018年版）》	

续表

序号	结算项目	结算项目问题描述	审核原则	审核依据	备注
2	建设场地占用及清理费	汇总表签章不全，赔偿资料不符合建设部〔2021〕113号《关于加强输变电工程建设场地征用及清理赔偿费结算管理的通知》要求	按照建设部〔2021〕113号《关于加强输变电工程建设场地征用及清理赔偿费结算管理的通知》的要求提供结算赔偿资料，按合同约定结算	建设部〔2021〕113号《关于加强输变电工程建设场地征用及清理赔偿费结算管理的通知》	
三	甲供物资结算部分				
1	线路甲供物资	移入物资手续不全	应提供物资部签章移库单	竣工图纸、移库单、甲供物资合同	
2	甲供物资结算	甲供物资采购量与竣工结算工程量不一致： （1）甲供物资采购时未考虑变更因素。 （2）施工单位没有及时向物资供应单位办理退货手续。 （3）施工损耗量计算口径错误，导致物资结算存在差异	工程结算中甲供设备、材料的结算量应以竣工图纸量（竣工图纸净用量和定额规定的损耗量之和）为准，结算单价以物资部分提供的采购合同价格为准；甲供物资合同采购数量较竣工图纸量多时（超供），剩余物资根据相关文件的要求履行退库手续，不计入本工程结算；甲供物资合同采购数量较竣工图纸量少时（欠供），以物资部门提供的移入物资数量及单价，计入甲供物资结算中	执行国家电网基建〔2018〕567号《国家电网有限公司关于进一步加强输变电工程结算精益化管理的指导意见》："规范甲供物资结算，工程结算中甲供设备、材料的结算量应以施工图及设计变更工程量（即竣工图纸量）为准，结算单价以物资部分提供的采购合同价格为准"	

5.4 电缆线路工程

序号	结算项目	结算项目问题描述	审核原则	审核依据	备注
一	施工合同结算项目				
（一）	分部分项工程量清单部分				
1	电缆线路建筑工程				
1.1	土石方工程				
1.1.1	沟槽、工井挖方及回填	地质判别不准确；清单项目特征与地质支撑资料不符	根据地勘报告等地质支撑资料判别地质；项目特征改变应新增清单结算，并出具设计变更	参考架空部分地质确认	
1.1.2	开挖、恢复路面	工程量计算不准确、清单项目特征与竣工图不符	应提供市政关于地面恢复要求的支撑资料，结合结算工程量按竣工图图纸量(或工程量确认单)结算；项目特征与竣工图（或工程量确认单）不符应新增清单结算，并出具设计变更	清单计价规范、竣工图、工程量确认单、设计变更	
1.2	构筑物				
1.2.1	直埋电缆垫层及盖板、充砂	工程量计算不准确	充砂工程量应扣减电缆、电缆保护管（外径）体积	清单计价规范、竣工图	
1.2.2	电缆沟、浅槽				

续表

序号	结算项目	结算项目问题描述	审核原则	审核依据	备注
1.2.2.1	砖砌电缆沟、浅槽	工程量计算不准确、清单项目特征与竣工图不符	工程量按实体体积计算，包括砌体与混凝土数量总和，不含垫层、集水坑、井筒、井盖等体积；项目特征与竣工图不符应新增清单结算，并出具设计变更	清单计价规范、竣工图、设计变更	
1.2.2.2	混凝土电缆沟、浅槽	工程量计算不准确、清单项目特征与竣工图不符	工程量按混凝土实体体积计算，不含垫层、集水坑、井筒、井盖等体积；项目特征与竣工图不符应新增清单结算，并出具设计变更	清单计价规范、竣工图、设计变更	
1.2.3	工作井	工程量计算不准确、清单项目特征与竣工图不符	工程量按实体体积计算，不含人孔、井壁预留孔洞、垫层、集水坑、井筒、盖板体积；项目特征与竣工图不符应新增清单结算，并出具设计变更	清单计价规范、竣工图、设计变更	
1.2.4	电缆埋管				
1.2.4.1	排管浇筑	工程量计算不准确、清单项目特征与竣工图不符	工程量应扣减内衬管（外径）体积，排管长度为工井内壁间长度；项目特征与竣工图不符应新增清单结算，并出具设计变更	清单计价规范、竣工图、设计变更	
1.2.4.2	非开挖拉管、顶管	工程量计算不准确、清单项目特征与竣工图不符	工程量以工井内壁间（工作坑间）水平长度计算；项目特征与竣工图不符应新增清单结算，并出具设计变更	清单计价规范、竣工图、设计变更	

续表

序号	结算项目	结算项目问题描述	审核原则	审核依据	备注
1.2.5	隧道工程（隧道工程、隧道附属、隧道辅助工程）	参照建筑工程	参照建筑工程	参照建筑工程	
1.3	电缆围栏	工程量计算不准确	工程量按围栏展开面积结算		
2	电缆线路安装工程				
2.1	电缆敷设	工程量计算不准确	清单电缆长度以“m”为单位，定额以“m/三相”，需注意区分	清单计价规范、竣工图	
2.2	调试及实验	工程量计算不准确	以“回路”为计量单位的调试工程量，回路是指交流三相为一个回路；与架空线路混合的电缆线路，输电线路试运工程量，同一回路仅计列一回工程量	清单计价规范、竣工图	

6

案例分析

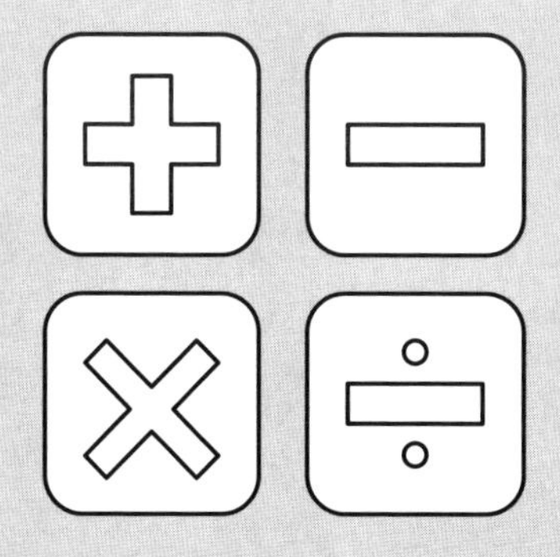

案例一
设计变更事由叙述不规范，变更附件资料不全面

设计变更审批单

工程名称：××工程　　　　　　　　　　　　　　　　编号：

<table>
<tr><td colspan="3">致XX工程监理项目部：

变更事由：
增加一键顺控测控装置柜，110kV备用电源自动投入装置柜，35kV线路保护柜。

变更费用：152402元，详见附件1。
附件：1.设计变更预算书。
2.设计变更联系单（可选）。
设　总：
设计单位：
日　期：　年　月　日</td></tr>
<tr><td>监理单位意见：

总监理工程师：

日期：　年　月　日</td><td>施工单位意见：

项目经理：

日期：　年　月　日</td><td>业主项目部审核意见：

专业审核意见：

项目经理：

日期：　年　月　日</td></tr>
<tr><td rowspan="2">建设管理单位审批意见：

建设（技术）审核意见：

技经审核意见：

部门主管领导：

日期：　年　月　日</td><td colspan="2">重大设计变更审批栏</td></tr>
<tr><td>建设管理单位审批意见：

分管领导：

建设管理单位：

日期：　年　月　日</td><td>省公司级单位建设管理部门审批意见：

建设（技术）审核意见：

技经审核意见：

部门分管领导：
日期：　年　月　日</td></tr>
</table>

注 1. 编号由监理项目部统一编制，作为审批设计变更的唯一通用表单。

2. 重大设计变更应在重大设计变更审批栏中签署意见。

3. 本表一式五份（施工、设计、监理、业主项目部各一份，建设管理单位存档一份）。

此现场设计变更存在问题分析如下：

（1）根据《国家电网公司输变电工程设计变更与现场签证管理办法》第十九条规定："设计变更文件应准确说明工程名称、变更的卷册号及图号、变更原因、变更提出方、变更内容、变更工程量及费用变化金额，并附变更图纸和变更费用计算书等"。

（2）第二十一条规定："设计变更费用应根据变更内容对应预算的计价原则编制，现场签证费用应按合同确定的原则编制。设计变更与现场签证费用应由相关单位技经人员签署意见并加盖造价专业资格执业章"。

（3）第二十三条规定："设计单位编制的竣工图应准确、完整地体现所有已实施的设计变更、符合归档要求"。

由以上问题分析发现此设计变更不规范，问题如下：

（1）本设计变更未明确变更文件涉及的卷册号、图号。设计变更所有的内容，均应在最终的竣工图上体现，因此设计变更应明确变更文件涉及的卷册号、图号。

（2）本设计变更未明确变更原因及提出方。

（3）本设计变更的变更内容、具体变更的工程量不明确。其中仅说明要增加××柜体。但未明确各种柜体分别增加几面，因此无法核实变更内容是否与预算书152402元费用吻合。因此在变更内容中应明确具体的变更内容及工程量，且应与预算书中工程量一致。

（4）本设计变更附件不全面。除预算书、变更联系单外，还应包括变更图纸、新增设备及材料的采购发票。

设计变更审批单（修改后）

工程名称：××工程　　　　　　　　　　　　　　　　编号：

<table>
<tr><td colspan="3">致XX工程监理项目部：
变更事由：
根据XXX设计变更联系单，本工程应运检单位实际运行要求，增加一键顺控测控装置柜Ⅰ、Ⅱ，110kV备用电源自动投入装置柜，35kV线路保护柜Ⅰ、Ⅱ共计5面。修改详见竣工图37-BA18601S-D0301（1）、37-BA18601S-D0105卷册。
变更费用：152402元。
附件：1.设计变更建议或方案。
2.设计变更预算书。
3.设计变更联系单（可选）。
4.发票。

设　　总：
设计单位：
日　　期：　　年　　月　　日</td></tr>
<tr><td>监理单位意见：

总监理工程师：

日期：　　年　　月　　日</td><td>施工单位意见：

项目经理：

日期：　　年　　月　　日</td><td>业主项目部审核意见：

专业审核意见：

项目经理：

日期：　　年　　月　　日</td></tr>
<tr><td rowspan="2">建设管理单位审批意见：

建设（技术）审核意见：

技经审核意见：

部门主管领导：

日期：　　年　　月　　日</td><td colspan="2">重大设计变更审批栏</td></tr>
<tr><td>建设管理单位审批意见：

分管领导：

建设管理单位：

日期：　　年　　月　　日</td><td>省公司级单位建设管理部门审批意见：

建设（技术）审核意见：

技经审核意见：

部门分管领导：

日期：　　年　　月　　日</td></tr>
</table>

注　1.编号由监理项目部统一编制，作为审批设计变更的唯一通用表单。

2.重大设计变更应在重大设计变更审批栏中签署意见。

3.本表一式五份（施工、设计、监理、业主项目部各一份，建设管理单位存档一份）。

案例二 现场签证事由叙述不规范，签证附件资料不全面

现场签证审批单

工程名称：×××工程　　　　　　　　　　　　编号：001

<table>
<tr><td colspan="3">致XXX工程（监理项目部）:
签证事由：根据施工降水方案站区内施工降水，共计24眼降水井采用水泵降水，共计降水15天，其中，2020年12月6日—2020年12月20日降水15天，24眼降水井水泵降水，每眼井每天3个台班，共计1080台班。

附件：1.降水台班计算书。
2.现场施工照片。

项目经理：
施工单位：
日　期：　年　月　日</td></tr>
<tr><td>监理单位意见：

总监理工程师：
日期：　年　月　日</td><td>设计单位意见：

设总：
日期：　年　月　日</td><td>业主项目部审核意见：
专业审核意见：

项目经理：
日期：　年　月　日</td></tr>
<tr><td rowspan="2">建设管理单位审批意见：
建设（技术）审核意见：

技经审核意见：

部门主管领导：

日期：　年　月　日</td><td colspan="2">重大签证审批栏</td></tr>
<tr><td>建设管理单位审批意见：

分管领导：

建设管理单位：

日期：　年　月　日</td><td>省公司级单位建设管理部门审批意见：

建设（技术）审核意见：

技经审核意见：

部门分管领导：

日期：　年　月　日</td></tr>
</table>

注　1. 编号由监理项目部统一编制，作为审批现场签证的唯一通用表单。
2. 重大签证应在重大签证审批栏中签署意见。
3. 本表一式五份（施工、设计、监理、业主项目部各一份，建设管理单位存档一份）。

此现场签证审批单存在问题分析如下：

（1）降水形式不明确。应根据建设单位、设计单位提供本工程近期地质报告及站区现场情况，经相关专业专家论证后确定，采用大口径井点降水。

（2）降水技术参数不明确。大口径井点降水应明确需要降水的单位工程名称、降水的范围、井管口径、井管深度、井管根数，降水井管安装拆除情况。

（3）签证金额不明确。签证费用应使用电力预算定额建筑工程，大口径井点降水1根为一套，井管根数应根据经审批的施工组织设计确定。另外如采用轻型井点降水50根为一套，井管根数根据施工组织设计确定，施工组织设计无规定时，按照1.4m/根计算。

（4）施工降水、排水运行工期不明确。施工降水、排水运行按照使用

现场签证审批单（修改后）

工程名称：×××工程　　　　　　　　　　　　　　编号：001

<table>
<tr><td colspan="3">致XXX工程（监理项目部）：
签证事由：根据XXX加固研究院出具的施工降水方案，本工程站区内施工降水采用大口径井点降水。本工程110kV综合楼降水范围约24m×15m，井管口径600mm，井管深度9m，共计8根，施工完成后拆除降水井管。自2020年12月6日起，至2020年12月20日止，降水施工运行15天，每天8根降水井同时工作，共计120套×天。
签证金额：XXXX元。
附件：1.降水方案专家论证资料。
2.监理施工日志。
3.签证预算书。
4.现场施工照片。
项目经理：
施工单位：
日　期：　年　月　日</td></tr>
<tr><td>监理单位意见：

总监理工程师：
日期：　年　月　日</td><td>设计单位意见：

设总：
日期：　年　月　日</td><td>业主项目部审核意见：
专业审核意见：

项目经理：
日期：　年　月　日</td></tr>
</table>

续表

建设管理单位审批意见： 建设（技术）审核意见： 技经审核意见： 部门主管领导： 日期：　年　月　日	重大签证审批栏	
	建设管理单位审批意见： 分管领导： 建设管理单位： 日期：　年　月　日	省公司级单位建设管理部门审批意见： 建设（技术）审核意见： 技经审核意见： 部门分管领导： 日期：　年　月　日

注 1. 编号由监理项目部统一编制，作为审批现场签证的唯一通用表单。
2. 重大签证应在重大签证审批栏中签署意见。
3. 本表一式五份（施工、设计、监理、业主项目部各一份，建设管理单位存档一份）。

“套 × 天”计算工程量，使用“套 × 天”从降水、排水系统运行之日起至降水、排水系统结束之日止。

（5）签证附件资料不完整。附件资料应包括降水方案专家论证方案、降水签证预算书、监理施工日志、现场施工照片。降水方案专家论证资料应包括地质报告、专家论证意见、施工组织设计及审批表。监理日志应明确单位工程名称、降水的范围、井管口径、井管深度、井管根数。

案例三 工程量计算偏差

案例1描述：某220kV输变电工程结算时，发现灌注桩浇筑项目特征描述为“孔深”，而实际结算时，第三方中介审核单位根据清单计算原则，以“桩长”计列工程量，根据项目特征“孔深”重新调整工程量，导致结算工程量存在偏差，如图6-1所示。

原因分析：①发包人在招标工程量清单对项目特征的描述，不够准确，未依据清单计算规则中的项目特征描述；②根据清单计算规则，项目特征描述应为桩长步距按照设计图示尺寸，以体积计算，实际结算时应充分考虑中标项目特征。

调整依据	特征段	标记	编码	项目名称	规格型号	单位	中标数据			结算数据			
							数量	单价	合价	数量	量差	拟定单价	合价
设计变更			SD1103...	灌注桩浇制		m³	116.79	1063.36	124190	323.78	206.99	1063.36	344295
设计变更			SD1103...	灌注桩浇制		m³	267.41	1030.79	275643	392.72	125.31	1030.79	404810

项目特征　工作内容　计算规则　合价计算式

序号	特征名称	中标特征值	结算特征值
1	孔深	20m以内	20m以内
2	基础混凝土强度等级	C30灌	C30灌
3	混凝土拌和要求	综合考虑	综合考虑

图6-1　结算工程量存在偏差

处理原则：根据Q/GDW 11337—2014《输变电工程工程量清单计价规范》的规定，应依据中标项目特征结算该部分工程量。

案例2描述：某电缆工程中新建直线混凝土工井3座，井壁与井底板混凝土为C25，垫层混凝土标号C15，报审时工程量为45.6m^3（如图6-2所示），实际结算时工程量为39.45 m^3（如图6-3所示）。工井图纸如图6-4所示。

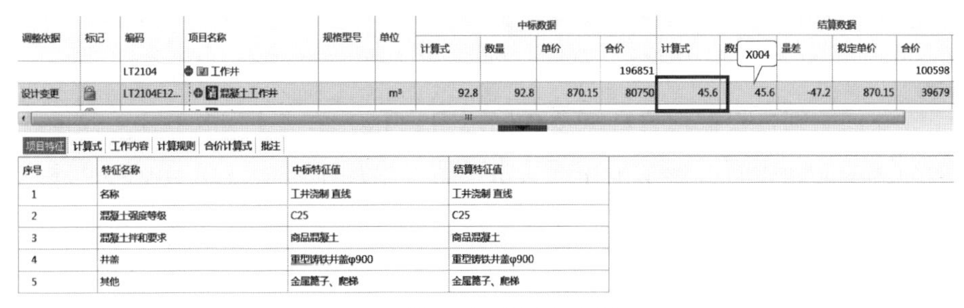

调整依据	标记	编码	项目名称	规格型号	单位	中标数据				结算数据				
						计算式	数量	单价	合价	计算式	数量	量差	拟定单价	合价
		LT2104	工作井						196851					100598
设计变更		LT2104E12...	混凝土工作井		m³	92.8	92.8	870.15	80750	45.6	45.6	-47.2	870.15	39679

项目特征　计算式　工作内容　计算规则　合价计算式　批注

序号	特征名称	中标特征值	结算特征值
1	名称	工井浇制 直线	工井浇制 直线
2	混凝土强度等级	C25	C25
3	混凝土拌和要求	商品混凝土	商品混凝土
4	井盖	重型铸铁井盖φ900	重型铸铁井盖φ900
5	其他	金属篦子、爬梯	金属篦子、爬梯

图6-2　报审工程量

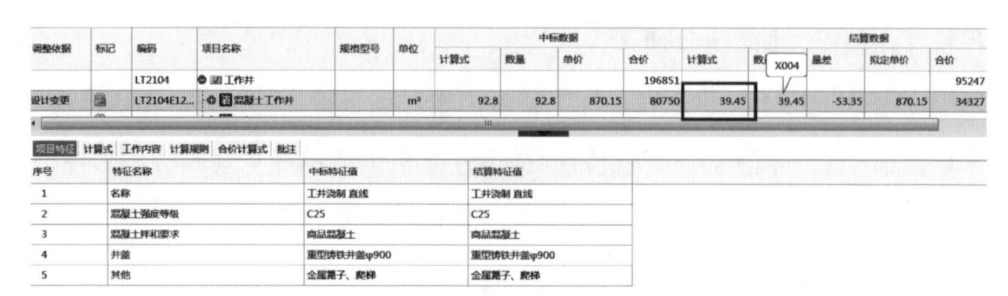

调整依据	标记	编码	项目名称	规格型号	单位	中标数据				结算数据				
						计算式	数量	单价	合价	计算式	数	量差	拟定单价	合价
		LT2104	工作井						196851					95247
设计变更		LT2104E12...	混凝土工作井		m³	92.8	92.8	870.15	80750	39.45	39.45	-53.35	870.15	34327

X004

项目特征 计算式 工作内容 计算规则 合价计算式 批注

序号	特征名称	中标特征值	结算特征值
1	名称	工井浇制 直线	工井浇制 直线
2	混凝土强度等级	C25	C25
3	混凝土拌和要求	商品混凝土	商品混凝土
4	井盖	重型铸铁井盖φ900	重型铸铁井盖φ900
5	其他	金属箍子、爬梯	金属箍子、爬梯

图6–3 实际结算工程量

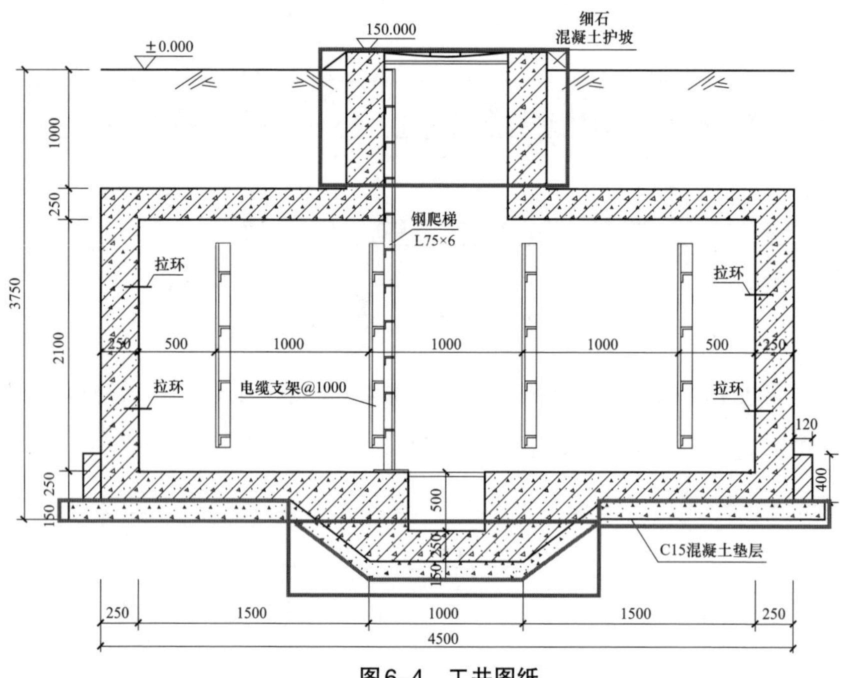

图6–4 工井图纸

原因分析：报审的工井清单工程量中含有人孔、集水坑（红色标注）及垫层（紫色标注）的混凝土量，导致工程量出现偏差。

处理原则：根据项目特征及Q/GDW 11338—2014《变电工程工程量计算规范》的规定，混凝土工作井清单项目，适用于整体结构为混凝土结构的工作井，工程量按混凝土实体体积计算，不含人孔、井壁凸口等孔洞及垫层、集水坑、井筒、盖板体积。

7

输变电工程结算审核流程

针对35 ~ 500 kV输变电工程结算审核工作，依次从结算计划工作安排、审核开展、定案批复等四方面细化工作流程，构建输变电工程结算审核业务标准化流程，整体流程如图7–1所示。

7.1 结算计划管理

7.1.1 省公司建设部每月底制定下月结算计划，下达至各建设单位。

7.1.2 各建设单位根据结算计划上报经研院工程结算资料。

7.1.3 经研院根据月度结算计划，与相关建设单位沟通后，制定结算审核周计划。

7.2 结算审核开展

7.2.1 经研院技经中心针对每项工程安排相关专业人员开展结算审核，包括建筑、电气、线路三个专业，并明确审核负责人。

7.2.2 结算资料不齐全、上报不及时的工程均不予开展工程结算专业审核。

7.2.3 各专业审核人分别完成相应专业结算审核工作，经结算审核专业负责人质量把关后，对本工程本专业的结算金额进行定案。

7.2.4 结算争议问题做上会处理，由省公司建设部统一协商确定。

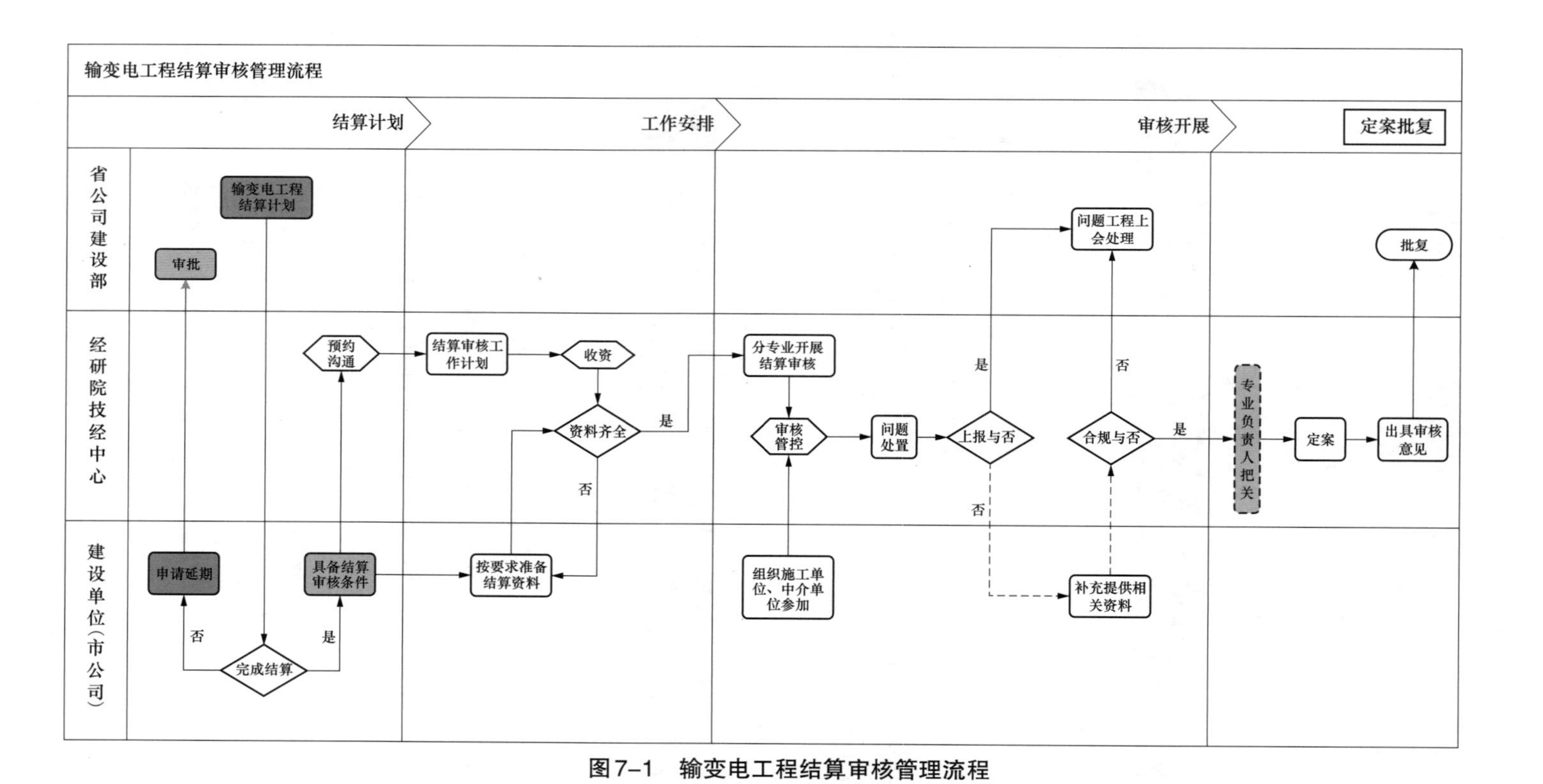

图7-1　输变电工程结算审核管理流程

7.3 结算批复

7.3.1 工程审核负责人依据结算审核定案表，汇总各工程专业审核人对本工程结算的审核意见，完成《××工程结算审核意见》的编制，履行校核批准管理流程。

7.3.2 省公司建设部依据结算审核意见完成工程结算批复，并下发至相应的建设单位。

7.4 其他辅助工作

7.4.1 造价咨询服务工作成效评价，针对每项工程完成经研院所负责评价的内容。

7.4.2 工程结算监督检查，配合省公司建设部开展各建设单位工程结算监督检查，以及国家电网有限公司迎检工作。

7.4.3 年度结算成果分析，每年初完成上一年度工程结算成果分析，形成分析报告。

附录A　结算审核依据文件清单

序号	发布单位	文号	文件名称	备注
1	国家电网公司	〔2021〕51号	国网基建部关于加强输变电工程设计施工结算“三量”核查的意见	
2	山东省电力公司建设部	〔2021〕51号	关于下发《常态化督查与结算审核工作融合开展的工作方案》的通知	
3	山东省电力公司建设部	〔2021〕52号	关于加强输变电工程竣工结算审核管理的通知	
4	国家电网公司	（基建/2）175—2017	国家电网公司基建技经管理规定	
5	国家电网公司	（基建/3）114—2019	国家电网有限公司输变电工程结算管理办法	
6	国家电网公司	（基建/3）185—2017	国家电网公司输变电工程设计变更与现场签证管理办法	
7	国家电网基建	〔2013〕1434号	国家电网公司关于印发加强输变电工程其他费用管理意见的通知	
8	国家电网基建	〔2014〕87号	国家电网公司关于进一步规范电网工程建设管理的若干意见	
9	国家电网基建	〔2018〕567号	国家电网有限公司关于进一步加强输变电工程结算精益化管理的指导意见	
10	国家电网基建	〔2017〕438号	关于全面推广应用工程现场人员管理系统的通知	

续表

序号	发布单位	文号	文件名称	备注
11	基建技经	〔2017〕55号	国网基建部关于印发《工程现场人员管理系统费用计列暂行规定》的通知	
12			国家电网公司关于全面推广应用工程现场人员管理系统的通知	
13	基建技经	〔2019〕29号	国网基建部关于印发输变电工程概算预算结算计价依据差异条款统一意见（2019年版）的通知	
14	国家电网基建	〔2018〕1061号	国家电网有限公司关于加强输变电工程施工图预算精准管控的意见	
15	基建技经	〔2018〕86号	国网基建部关于加快推进工程造价管理“八个转变”工作的意见	
16	国家电网基建	〔2010〕1021号	关于印发《国家电网公司基建技经管理规定》的通知	
17	国家电网基建	〔2014〕87号	(国家电网公司关于进一步规范电网工程建设管理的若干意见)	
18	国家电网电定	〔2021〕18号	转发2020年电力建设工程装置性材料综合信息价的通知	
19	国家电网	（物资2）127—2018）	国家电网有限公司废旧物资管理办法	
20	基建技经	〔2020〕14号	国网基建部关于规范开展输变电工程新冠肺炎疫情防控相关费用调整和计列的通知	
21	建设部通知	〔2020〕162号	关于进一步加强输变电工程新冠肺炎疫情防控相关费用、三维设计费用结算管理的通知	

续表

序号	发布单位	文号	文件名称	备注
22	鲁电建设	〔2020〕180号	国网山东省电力公司关于转发《国网基建部关于规范开展输变电工程新冠肺炎疫情防控相关费用调整和计列的通知》的通知	
23	国网办公厅	〔2015〕100号	国家电网公司办公厅转发中电联关于落实《国家发改委关于进一步放开建设项目专业服务价格的通知》的指导意见的通知	
24	国网办公厅	〔2018〕73号	国网办公厅关于印发输变电工程三维设计费用计列意见的通知	
25	国网山东省电力公司建设部	〔2018〕457号	关于下发国网山东省电力公司关于推进工程造价管理“八个转变”实施方案的通知	
26	国网山东省电力公司建设公司	〔2019〕10号	关于下发《国网山东省电力公司建设公司属地建场费管理实施细则（试行）》的通知	
27	国网山东省电力公司建设部	〔2019〕22号	国网山东省电力公司建设部关于印发《视频监控系统费用计列指导意见》的通知	
28	国网山东省电力公司建设部	〔2020〕6号	国网山东省电力公司建设部关于下发输变电工程设计质量评价考核实施意见（试行）的通知	
29	国网山东省电力公司建设部	〔2020〕25号	关于新型冠状病毒肺炎疫情期间输变电工程防疫用品费用计列和调整办法的通知	

续表

序号	发布单位	文号	文件名称	备注
30	国网山东省电力公司建设部	〔2020〕155号	关于开展输变电工程三维设计费自查自纠的通知	
31	国网山东省电力公司	〔2020〕465号	国网山东省电力公司关于在新（改、扩）建输电线路工程中深化应用可视化在线监拍装置和X射线无损检测技术的通知	

附录B　输变电工程竣工结算资料交接验收单

输变电工程竣工结算资料交接验收单

工程名称：　　　　　　　　报送单位：　　　　　　　　编号：

序号	项目名称	建管单位自验收			经研院验收			备注
		纸质	电子版	审查意见	纸质	电子版	审查意见	
1	结算报审一览表							
2	结算报告							
3	甲供物资结算书							
4	其他费用结算书							
5	施工结算书							
6	工程量管理文件（附工程量计算书）							
7	结算支撑文件							
8	建设场地赔偿清理文件							
9	物资结算清单							

续表

序号	项目名称	建管单位自验收			经研院验收			备注
		纸质	电子版	审查意见	纸质	电子版	审查意见	
10	工程批复文件							
11	工程批复概算							
12	工程竣工验收报告							
13	施工招标文件							
14	施工投标文件							
15	施工承包合同							
16	竣工图纸							
17	监理审核意见							
18	监理招标文件							
19	监理投标文件							
20	监理合同文件							
21	监理结算补充协议							
22	设计招标文件							

续表

<table>
<tr><th rowspan="2">序号</th><th rowspan="2">项目名称</th><th colspan="3">建管单位自验收</th><th colspan="3">经研院验收</th><th rowspan="2">备注</th></tr>
<tr><th>纸质</th><th>电子版</th><th>审查意见</th><th>纸质</th><th>电子版</th><th>审查意见</th></tr>
<tr><td>23</td><td>设计投标文件</td><td></td><td></td><td></td><td></td><td></td><td></td><td></td></tr>
<tr><td>24</td><td>设计合同文件</td><td></td><td></td><td></td><td></td><td></td><td></td><td></td></tr>
<tr><td>25</td><td>设计结算补充协议</td><td></td><td></td><td></td><td></td><td></td><td></td><td></td></tr>
<tr><td>26</td><td>中介机构委托合同</td><td></td><td></td><td></td><td></td><td></td><td></td><td></td></tr>
<tr><td>27</td><td>中介机构审价报告</td><td></td><td></td><td></td><td></td><td></td><td></td><td></td></tr>
<tr><td>28</td><td>风险控制表</td><td></td><td></td><td></td><td></td><td></td><td></td><td></td></tr>
<tr><td colspan="5">自验收意见：
建管单位技经专工：
日期：</td><td colspan="4">验收意见：
经研院收资专责：
日期：</td></tr>
</table>

填注说明：根据资料实际提交的类型在单元格内标注，有用“√”标示，无用“O”标示，资料类型列（电子版或纸质版）不得有空白验收意见。项目名称字体加黑的为主要资料。）

附录C　输变电工程结算审核工作质量综合评价表

输变电工程结算审核工作质量综合评价表

项目名称：

序号	考评项目	考评内容	评分标准	标准分	建筑	安装	线路	总计
1	资料提交	是否按月度结算计划要求的时限提交结算资料	结算资料实际提交时间应在月度结算计划提交时间之前完成，较月度计划提前5天以上提交资料加5分，迟于月度计划5~15天，扣5分，偏差15~30天扣10分，偏差30天以上本项不得分。 延期申请1个月5扣分，延期申请2个月扣10分，延期申请3个月扣15分，延期申请3个月以上本项不得分。 评分依据：省公司月度结算计划、《输变电工程竣工结算资料交接验收单》	25+5	月度计划资料提交时间:____年____月____日， 结算资料实际提交时间:____年____月____日， 是否延期：是____，延期____个月；否____。 计划偏差:____天。详见《输变电工程竣工结算资料交接验收单》			

续表

序号	考评项目	考评内容	评分标准	标准分	建筑	安装	线路	总计
1	资料提交	资料内容形式审查符合结算审核的要求	资料的内容满足《输变电工程竣工结算资料交接验收单》的要求。建设管理单位技经专工对全口径结算资料进行自验后签字并向审核单位提交，无技经专工签字扣5分。主要资料（包括结算报审一览表、工程批复文件、工程批复概算、竣工图纸、物资结算清单、设计施工监理合同文件、建设场地赔偿清理文件、中介机构审价报告）缺漏一项扣2分，其他资料（除主要资料以外的资料）缺漏一项扣0.5分。未向技经处提交审价报告电子版扣5分。 评分依据:《输变电工程竣工结算资料交接验收单》	30				
2	结算审核	结算审核会是否按要求组织开展	建设管理单位应组织主要单位的专业人员按时参加结算审核会。主要单位未按时参加结算审核会导致结算审核工作无法开展扣5分，专业人员不全扣3分，与结算审核无关人员（分包单位）参会干扰结算审核工作扣3分。 评分依据：结算审核会会议签到表	10				

续表

序号	考评项目	考评内容	评分标准	标准分	建筑	安装	线路	总计
2	结算审核	资料内容深度审查符合结算审核的要求	审价报告应涵盖全口径结算的所有内容，结算审核工作以审价报告为依据，审价报告范围外的任何资料均不予审核，不予进入竣工结算。在审价报告以外增补工程签证、设计变更、青赔费用等资料，每增加一项扣2分，扣完为止。审价报告以内的工程签证、设计变更未履行《国家电网公司输变电工程设计变更与现场签证管理办法》相关要求［未履行的行为包括但不局限于：规避（重大）工程签证、（重大）设计变更管理流程现象，工程签证及设计变更流程不合规等］，每出现一项扣2分，扣完为止。结算审核时因竣工图纸不完整导致结算工作进展受阻扣3~5分，审价工作与审核工作使用图纸版本不一致导致结算工作进展受阻扣3~5分	35				
3	审核报告	按照国家电网有限公司结算管理办法要求的时间节点完成结算审核及批复工作	依据国家电网有限公司结算管理办法要求的时间节点，实际结算审核完成时间满足时间节点加5分。220kV及以上电压等级输变电工程竣工投产后100天内完成结算审核报告及结算批复，110kV及以下电压等级输变电工程竣工投产后60天内完成结算审核报告及结算批复	+5	结算审核报告完成时间：____年____月____日，结算时间：____天			
		合计		100+10				

建筑专业审核人：　　　　安装专业审核人：　　　　线路专业审核人：　　　　结算主管：

附录D　造价咨询单位咨询服务质量评价得分表

造价咨询单位咨询服务质量评价得分表（竣工结算）（一）

造价咨询单位：　　　　工程名称：　　　　年　月　日

序号	评价单位	评价指标及分值	评价项目	扣分分值	扣分	得分
1	建设单位	服务质量（20分）	未开展现场核量工作	10		
2			不能满足建设单位结算质量、进度要求，酌情扣1~10分	10		

建设单位技经专责：　　　　造价咨询单位项目负责人：

造价咨询单位咨询服务质量评价得分表（竣工结算）（二）

造价咨询单位：　　　　　　　　工程名称：　　　　　　　　年　月　日

序号	评价单位	评价指标及分值	评价项目	扣分分值	扣分	得分
1	经研院	合规、完整性（30分）	未按照模板格式出具审核意见	5		
2			提交审核资料未按照要求盖咨询单位章、审核人员执业章、签字	5		
3			提交的审核资料建设、施工、设计、监理单位未按照要求盖章、签字（包括结算审价定案表、施工费用结算审价定案表、甲供物资费用汇总表、其他费用汇总表、建设场地征用及清理费汇总表）	5		
4			因审核质量原因，经研院无法开展正常审核，资料退回的	20		
5			未提供电子版工程量计算书	5		
6			参与审核人员不足，无法正常开展审核	5		
7			不合规变更、签证计入结算（每项）	2		
8			未按合同约定调整人、材、机费用	2		
9			设计、监理未按照合同约定进行费用调整结算	2		
10			未按照收资要求提供结算资料的（每缺少一项）	2		
11			工程结算费用一览表计算、填报有较大偏差（单项费用差别10%以上），每项	2		

续表

序号	评价单位	评价指标及分值	评价项目	扣分分值	扣分	得分
12	经研院	结算准确性（50分），扣完为止	全口径费用偏差 ±3%及以上，±10%以下	5		
13			全口径费用偏差 ±10%及以上	10		
14			施工费用偏差 ±3%及以上，±10%以下	5		
15			施工费用偏差 ±10%及以上	10		
16			建筑工程，挖坑槽土方（石方）工程量偏差5%以上，（每条清单）	1		
17			建筑工程，基础混凝土、防水层、防腐项目计算错误，（每条清单）	1		
18			建筑工程，钢结构钢柱、钢梁以及钢檩条计算错误，（每条清单）	1		
19			建筑工程，钢结构防腐、防火项目特征计算错误，（每条清单）	1		
20			建筑工程，墙板（外墙、内墙）项目计算错误，（每条清单）	1		
21			建筑工程，楼承板项目计算错误，（每条清单）	1		
22			建筑工程，屋面防水，屋面保温计算错误，（每条清单）	1		
23			建筑工程，地面、散水、台阶、坡道现场施工量与图纸工程量不一致，未开展现场核查	1		
24			建筑工程，主体钢筋、预埋件、室内电缆沟、沟盖板项目计算错误，（每条清单）	1		
25			建筑工程，主控楼空调、通风、照明项目工程量计算错误，（每条清单）	1		

续表

序号	评价单位	评价指标及分值	评价项目	扣分分值	扣分	得分
26	经研院	结算准确性（50分），扣完为止	建筑工程，主变压器基础、主变压器油池、防火墙、事故油池项目工程量计算错误，（每条清单）	1		
27			建筑工程，站区电缆沟项目工程量计算错误，（每条清单）	1		
28			建筑工程，道路、地面、站外道路项目现场施工量与图纸工程量不一致，未开展现场核查	1		
29			建筑工程，泵房、消防水池工程量计算错误，（每条清单）	1		
30			建筑工程，给排水设备材料、消防器材、特殊消防项目工程量计算错误，（每条清单）	1		
31			建筑工程，站区场地平整（挖方、填方、购土外运）项目特征是否与竣工图一致，工程量偏差5%以上，（每条清单）	1		
32			建筑工程，挡土墙、围墙、大门、标识牌项目现场施工量与图纸工程量不一致，未开展现场核查	1		
33			建筑工程，地基处理（材质，处理方式）项目计算错误	1		
34			建筑工程，站外给水、排水、临时电源、临时通信项目计算错误	1		
35			电气工程，电力电缆敷设工程量计算错误，（每条清单）	1		

续表

序号	评价单位	评价指标及分值	评价项目	扣分分值	扣分	得分
36	经研院	结算准确性（50分），扣完为止	电气工程，电缆桥架（支架）工程量计算错误，（每条清单）	1		
37			电气工程，电缆埋管工程量计算错误，（每条清单）	1		
38			电气工程，电缆防火工程量计算错误，（每条清单）	1		
39			电气工程，接地极安装工程量计算错误，（每条清单）	1		
40			电气工程，接地体敷设工程量计算错误，（每条清单）	1		
41			电气工程，绝缘油试验招标数量与试验报告数量对照不符，多计入结算	1		
42			电气工程，气体试验招标数量与试验报告数量对照不符，多计入结算	1		
43			电气工程，表计试验招标数量与试验报告数量对照不符，多计入结算	1		
44			输电工程，土石方清单工程量计算错误（每条清单）	1		
45			输电工程，铁塔工程量计算错误（每条清单）	1		
46			输电工程，线路长度未按照亘长计算（每条清单）	1		
47			输电工程，附件工程量计算错误（每条清单）	1		
48			输电工程，电缆土建工程量计算错误（每条清单）	1		
49			输电工程，电缆敷设长度与设计用量不符合	1		
50			甲供物资，建筑工程ERP采购数量与图纸不符，不符部分计入结算（每条物资）	1		

续表

序号	评价单位	评价指标及分值	评价项目	扣分分值	扣分	得分
51	经研院	结算准确性（50分），扣完为止	甲供物资，电气工程ERP采购重量与图纸不符，不符部分计入结算（每条物资）	1		
52			甲供物资，线路工程ERP采购重量与图纸不符，不符部分计入结算（每条物资）	1		
53			甲供物资，移库、退库手续不全，计入结算	1		
54			甲供物资，物资条目漏项或重复计入结算	1		
55			甲供物资，物资违规甲转乙，计入结算	1		
56			其他费用，新冠肺炎疫情防控费用支撑资料不全，计入结算	1		
57			其他费用，桩基检测费未提供支撑资料，计入结算的	1		
58			其他费用，飞行器租赁费等其他一笔性报价项目，未提供支撑资料计入结算	1		
59			其他费用，建设场地清理费汇总表未按要求签字盖章	1		
60			其他费用，建设场地清理费未按照合同约定执行双向调整	1		
61			其他费用，建设场地清理费支撑资料不全，计入结算	1		
62			其他费用，建设场地清理存在重复赔偿，计入结算	1		
63			其他费用，人车管理系统、视频监控系统，费用支撑资料不全，计入结算	1		

经研院审核负责人：　　　　造价咨询单位项目负责人：

附录E　建设场地征用及清理费汇总表

建设场地征用及清理费汇总表

工程名称：　　　　　　　　　　　　　　　　　　　　　　　　单位：元

序号	发生时间	行政区域	杆号	赔偿类型						受偿单位或个人	赔偿金额（含税）			支撑资料					备注
				土地征（占）用	施工场地租用	迁移补偿	跨越高速	跨越铁路	其他		赔偿金额（不含税）	税率（%）	税额	赔偿协议	电子回单	发票或收据	二级明细	其他	

公章：　　　　　　　　　　监理单位公章：　　　　　　　　　　施工单位公章：

分管领导签字：　　　　　　建设部主任签字：　　　　　　　　业主项目经理签字：
经办人签字：　　　　　　　总监理工程师签字：　　　　　　　分管领导签字：

附录F　超概工程统计表

超概工程统计表

序号	建设单位	工程名称	原概算（万元）	调整后概算（万元）	调整金额（万元）	批复文号	批复时间	超概原因					备注
								工程量变化	设备（材料）价格上涨	建场费用	设计变更	其他原因	

附录G　输变电工程结算成果文件

G.1　结算审核意见

国网山东经研院技术经济中心

关于××××××kV输变电工程竣工结算审核的意见

省公司建设部：

按照结算工作计划，我中心于××年××月××日完成××工程的结算审核工作。根据××供电公司提交的结算报告及结算审核资料，技经人员对上报的结算资料认真核对和验算，形成本工程结算审核意见，现将审核情况报告如下：

一、工程概况

本站为××变电站，本期新建×台主变压器，容量××kVA；××kV进线×回、××kV进线×回、××kV进线×回。线路工程××架空线路全长××km，包括××线路××km，OPGW光缆缆路长××km。

建设管理单位：×××；施工单位：××；勘察设计单位：××；监理单位：×××；审价单位：×××。

二、审核内容

1. 审查工程实施所签订的所有合同（含补充协议）的执行情况，重点审核工程结算费用计取原则是否与合同约定一致。

2. 结算内容是否与实际工程相符。

3. 综合单价是否与投标报价一致。

4. 新组价项目的是否按照合同约定执行。

5. 依据竣工图（或施工图加设计变更等），按照工程量清单（或定额）规定的工程量计算规则，逐项核实工程量计算所采用的计算规则及计算所得的工程量是否准确，重点审核施工工程量和甲供物资实际用量。

6. 设计变更和现场签证以及其他洽商内容的真实性、合理性，是否符合规定和约定的手续；

7. 工程材料和设备价格的变化情况。

8. 基本预备费支出情况，动用基本预备费审批手续是否规范、及时。

9. 工程建设场地征用及清理费支撑材料的规范性、完整性，支付手续是否规范。

10. 工程是否留有尾工，预留费用是否合理。

11. 工程结算与项目概算对比分析。

12. 其他费用结算价格是否超概，超概原因分析。

13. 其他与工程结算有关的事项。

三、结算审核依据

1. 施工发承包合同、设备及材料采购合同、其他费用合同等。

2. 有关招标投标文件、招标答疑文件、投标承诺、中标通知书。

3. 工程竣工图纸或施工图纸、设计变更、工程联系单、现场签证单及相关的会议纪要。

4. 工程量清单计价规范、工程概（预）算定额、费用定额及价格信息、调价规定等。

5. 国家电网有限公司有关工程建设和结算管理的规定和制度。

6. 经批准的工程概算。

7. 影响工程造价的其他相关资料。

四、结算审核结果

××××工程审定概算费用××万元，报审价款××万元，审定结算价款××万元。（全口径）

1. ×× ××kV变电站新建工程

合同价款××万元，审定结算价款××万元，较合同核减××万元。

2. 甲供物资

物资采购合同价款××万元；经结算审价，物资结算单价采用采购价格，结算数量按照竣工图数量，核定结算价款××万元。

3. 勘察设计费

勘察设计合同价款××万元，结算价款按照双方补充协议金额计列，结算价款××万元。

4. 监理费

监理合同价款××万元，结算价款按照双方补充协议金额计列，结算价款××万元。

5. 建设单位（其他费用）

根据概算平移，经结算审价，核定结算价款××万元。

五、其他需要说明的问题

无。

附件：

附表1、××工程结算费用定案表

附表2、××工程施工费用结算明细表及附表

国网山东经研院技术经济中心

××××年××月××日

G.2 工程结算费用定案表（附在结算审核意见之后）

附表 1

XXXX 输变电工程结算费用定案表

金额单位：万元

<table>
<tr><th>序号</th><th>工程或费用名称</th><th>合计</th><th>施工费</th><th>勘察设计费</th><th>监理费</th><th>甲供物资</th><th>建设单位（其他费用）</th></tr>
<tr><td>1</td><td>概算值</td><td></td><td></td><td></td><td></td><td></td><td></td></tr>
<tr><td>2</td><td>合同值</td><td></td><td></td><td></td><td></td><td></td><td></td></tr>
<tr><td>3</td><td>报审值</td><td></td><td></td><td></td><td></td><td></td><td></td></tr>
<tr><td>4</td><td>结算审核值</td><td></td><td></td><td></td><td></td><td></td><td></td></tr>
<tr><td colspan="4">建设单位</td><td colspan="4">审核单位</td></tr>
<tr><td colspan="4">公章:

负责人:

经办人:

年 月 日</td><td colspan="4">公章:

负责人:

校核人:

审核人

年 月 日</td></tr>
</table>

注 适用于35～220kV工程。

附表 1

×××输变电工程结算费用定案表

金额单位：万元

序号	工程或费用名称	合计	施工费	勘察设计费	监理费	非施工调试费	甲供物资	设计文件评审费	工程结算审核费	征地补偿管理	建设单位（其他费用）
1	概算值										
2	合同值										
3	报审值										
4	结算审核值										
建设单位						审核单位					
公章： 负责人： 经办人：						公章： 负责人： 校核人： 审核人					

注　适用于500kV工程。

G.3　施工费用结算明细表

附表 2

×××kV 输变电工程施工费结算明细表

审核单位：　　　　　　　　　　　　　　　　　　　　　金额单位：万元

序号	工程名称	审定金额
一	变电工程	
1	×××工程（建筑部分）	
2	×××工程（安装部分）	
二	线路工程	
1	×××工程（架空部分）	
2	×××工程（电缆部分）	
三	通信工程	
1	×××工程	
2	×××工程	
	合计	

G.4　工程项目竣工结算汇总表

×××工程项目竣工结算汇总表

工程名称：×××工程　　　　　　　　　　　　　　　　　金额单位：元

序号	项目或费用名称	金额	备注
1	分部分项工程费		
1.1	建筑工程		
1.1.1	其中：暂估价材料费		

续表

序号	项目或费用名称	金额	备注
1.2	安装工程		
1.2.1	其中：暂估价材料费		
2	承包人采购设备费		
3	措施项目费		
3.1	措施项目（一）		
3.1.1	其中：临时设施费		
3.1.2	其中：安全文明施工费		
3.1.3	其中：施工过程增列措施项目费		
3.2	措施项目（二）		
3.2.1	其中：施工过程增列措施项目费		
4	其他项目费		
4.1	其中：施工过程增列其他项目费		
5	规费		
6	税金（税率：9%）		
7	发包人采购材料费		
8	竣工结算价合计		

G.5 其他项目清单计价表

其他项目清单计价表

工程名称：×××工程　　金额单位：元

序号	项目名称	金额	备注
一	施工合同已列项目		
1	确认价		

续表

序号	项目名称	金额	备注
1.1	暂估材料单价确认及价差计价		
1.2	专业工程结算价		
2	计日工		
3	施工总承包服务费计价		
4	索赔与现场签证费用计价汇总		
5	其他		
5.1	拆除工程项目清单计价		
5.2	发包人供应设备、材料卸车保管费		
5.3	施工企业配合调试费		
5.4	人工、材料、机械台班价格调整计价		
5.5	建设场地征占用及清理费		
5.5.1	土地征占用费		
5.5.2	施工场地租用费		
5.5.3	迁移补偿费		
5.5.3.1	房屋拆迁补偿费		
5.5.4	余物清理费		
5.5.5	输电线路走廊清理费		
5.5.6	输电线路跨越补偿费		
5.5.7	通信设施防输电线路干扰措施费		
5.5.8	水土保持补偿费		
小计			
二	施工过程增列项目		
小计			
合计			

G.6 XX 年输变电工程结算审核一览表

XX 年输变电工程结算审核一览表

序号	费用类型	建管单位	电压等级（kV）	专业类型	规模（kVA / km）				招标模式	工程属性	日　期					费用（万元）					相关单位					审核人员				主要费用变化情况说明
					变电容量	架空线路	电缆线路	OPGW光缆			开工日期	竣工日期	上报资料	结算审核	报告编制	概算费用	合同费用	申报结算	审定结算	施工单位	设计单位	监理单位	审价单位	咨询单位（预算）	咨询单位（结算）	项目负责人	建筑	安装	线路	